T0209642

essentials

essentials liefern aktuelles Wissen in konzentrierter Form. Die Essenz dessen, worauf es als „State-of-the-Art" in der gegenwärtigen Fachdiskussion oder in der Praxis ankommt. *essentials* informieren schnell, unkompliziert und verständlich

- als Einführung in ein aktuelles Thema aus Ihrem Fachgebiet
- als Einstieg in ein für Sie noch unbekanntes Themenfeld
- als Einblick, um zum Thema mitreden zu können

Die Bücher in elektronischer und gedruckter Form bringen das Fachwissen von Springerautor*innen kompakt zur Darstellung. Sie sind besonders für die Nutzung als eBook auf Tablet-PCs, eBook-Readern und Smartphones geeignet. *essentials* sind Wissensbausteine aus den Wirtschafts-, Sozial- und Geisteswissenschaften, aus Technik und Naturwissenschaften sowie aus Medizin, Psychologie und Gesundheitsberufen. Von renommierten Autor*innen aller Springer-Verlagsmarken.

Weitere Bände in der Reihe https://link.springer.com/bookseries/13088

Josef von Stackelberg

Elektrotechnik in einer halben Stunde

Josef von Stackelberg
Baunach, Deutschland

ISSN 2197-6708   ISSN 2197-6716 (electronic)
essentials
ISBN 978-3-658-36408-3   ISBN 978-3-658-36409-0 (eBook)
https://doi.org/10.1007/978-3-658-36409-0

Die Deutsche Nationalbibliothek verzeichnet diese Publikation in der Deutschen Nationalbiblio-
grafie; detaillierte bibliografische Daten sind im Internet über http://dnb.d-nb.de abrufbar.

Planung/Lektorat: Reinhard Dapper
Springer Vieweg ist ein Imprint der eingetragenen Gesellschaft Springer Fachmedien Wiesbaden
GmbH und ist ein Teil von Springer Nature.
Die Anschrift der Gesellschaft ist: Abraham-Lincoln-Str. 46, 65189 Wiesbaden, Germany

Was Sie in diesem *essential* finden können

- Eine Einführung in die Grundlagen der Elektrotechnik
- Darstellung einfacher Zusammenhänge mit Bildern des alltäglichen Lebens
- Die Ermutigung, sich mit der Elektrotechnik weiterhin zu befassen

Vorwort

Die Idee zu diesem Buch kam mir, als ich mit der Geschäftsführerin der chinesischen Partnerfirma, mit der wir damals Geschäfte machten, in Peking zum Abendessen in einem Restaurant saß. Die Dame hatte einen guten Riecher, womit man Geld machen konnte, aber sie verstand nichts von Elektrotechnik. Während ich mich mit einem ihrer Ingenieure über einzelne Details des aktuellen Projektes unterhielt, beklagte sie sich, dass sie unserem Gespräch so gar nicht folgen könne, weil sie eben nichts von Elektrotechnik verstünde. Ich versprach ihr, mir Gedanken zu machen, wie man die Elektrotechnik so beschreiben könne, dass jeder Mann und jede Frau, egal welcher Profession, die Grundzüge binnen einer halben Stunde verstehen könnte. Man kann zwar nicht in dieser Zeit das gesamte VDE-Schriftenwerk sich einverleiben oder die vielen Details erfassen, die zu einem bestimmten Halbleiterverhalten führen (wenn man das könnte, wäre jeder Elektroingenieur ein Scharlatan), aber man kann einen groben Überblick bekommen und die wesentlichen Zusammenhänge verstehen. Aus diesem Grunde bediene ich mich bei den Erläuterungen der grundlegenden Regeln aus Bildern des alltäglichen Lebens, obwohl die Vergleiche natürlich hinken, wenn man allzu tief ins Detail geht, aber das ist mit allen Bildern, Modellen, Vergleichen so. Sie bleiben ungenau, aber sie geben eine Vorstellung.

Dr. Josef von Stackelberg

Einleitung

Die Elektrotechnik als Ingenieurswissenschaft wird neben der Physik als Natur-
wissenschaft als eines der schwierigsten Fachthemen betrachtet und Elektroin-
genieure oder -fachleute werden von ihren Kollegen aus den anderen Fakultäten
oft mit scheelen Augen betrachtet, wenn sie „wieder mal abheben", wie es dann
so ein bisschen spöttisch heißt. Der hauptsächliche Grund für diese Distanz liegt
darin, dass man im Gegensatz zu anderen Ingenieurs- oder Naturwissenschaften
in der Elektrotechnik wenig greifbares sehen bzw. erkennen kann. Das Getriebe
eines Fahrzeuges ist einfach, da drehen sich ein paar Zahnräder mit verschiedenen Zahnzahlen auf dem Umfang, die mit Wellen verbunden sind und über
Hebel verschoben werden usw. Man kann etwas sehen, hören, anfassen. In der
Elektrotechnik kann man das nicht. Man spürt die Elektrotechnik, wenn aus der
elektrischen Leistung etwas anderes abgeleitet wird oder wenn man unversehens
Teil eines elektrischen Stromkreises wird und fürchterlich „einen gescheuert"
bekommt, aber man kann dem Leiterstück vorher nicht ansehen, ob es gefähr-
lich ist oder nicht. Die Kunst in der Elektrotechnik besteht darin, sich bildhafte
Vorstellungen dessen zu schaffen, was da gerade passiert in dem Bauteil. Der
Techniker bedient sich hierfür meistens der Mittel der Mathematik, um das zu
beschreiben, was da passiert, aber damit versucht man, den Teufel mit dem Beel-
zebub auszutreiben, weil viele Menschen damit überfordert sind, alles was über
das Zusammenzählen von drei und vier Äpfeln hinausgeht, zu BEGREIFEN (das
ist in keinem Fall abwertend gemeint, mathematisches Verständnis ist so ähnlich
wie musikalisches oder bildhauerisches Talent, das eine Gehirn schafft es und
das andere nicht). Da Elektrotechnik im Prinzip aber kein Druidenwissen ist und
auch nicht den Anspruch haben soll, Druidenwissen zu sein, verfolge ich mit diesem Buch zwei Ziele: Zum Einen stelle ich nur die WESENTLICHEN Regeln
der Elektrotechnik dar, zum Andern verwende ich für die Darstellung Bilder aus

© Der/die Autor(en), exklusiv lizenziert durch Springer Fachmedien
Wiesbaden GmbH, ein Teil von Springer Nature 2021
J. von Stackelberg, *Elektrotechnik in einer halben Stunde*, essentials,
https://doi.org/10.1007/978-3-658-36409-0_1

dem allgemeinen Leben. Man wird zwar, anders als der Titel lautet, nicht in einer halben Stunde alle Details des Buches verstanden haben, aber man steht nicht vor einem Regalmeter Bücher, aus denen man erst mal das richtige Kapitel raussuchen muss, um einen Zusammenhang zu begreifen.

Gesetze und Regeln

2

2.1 Gesetz der Energieerhaltung

In einem geschlossenen System gibt es kein Erscheinen oder Verschwinden von Energie. Es gibt eine bestimmte Menge an Energie, die von einer Form in eine andere umgewandelt werden kann, z. B. von elektrischer Energie zu Wärme, aber die Gesamtmenge an Energie in dem geschlossenen System bleibt immer gleich. Energie wird also nicht verbraucht.

Das geschlossene System kann klein sein oder groß, bis hin zum gesamten Universum (Abb. 2.1).

2.2 Gesetz des Energieausgleichs

Wenn in einem geschlossenen System lokal betrachtet verschiedene Mengen an Energie über den gesamten Raum verbreitet sind, dann gleichen sich diese Unterschiede im Lauf der Zeit aus, sodass nach unendlich langer Zeit die Menge an Energie, die in einem unendlich kleinen Raum vorhanden ist, gleich ist der Menge an Energie in jedem anderen unendlich kleinen Raum in dem System.

Das geschlossene System kann ein kleines sein oder ein großes, bis hin zum gesamten Universum.

Paradoxerweise bilden sich aufgrund von quantenmechanischen Kräften lokale Energieextrema aus und überwinden damit das Gesetz des Energieausgleichs (Abb. 2.2).

© Der/die Autor(en), exklusiv lizenziert durch Springer Fachmedien Wiesbaden GmbH, ein Teil von Springer Nature 2021
J. von Stackelberg, *Elektrotechnik in einer halben Stunde,* essentials, https://doi.org/10.1007/978-3-658-36409-0_2

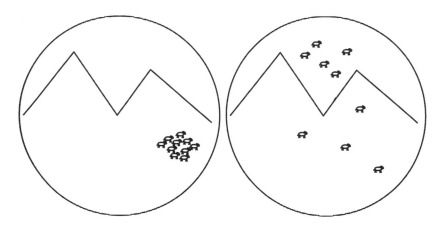

Abb. 2.1 Man stelle sich die Sache mit der Energieerhaltung vor wie eine Insel (= das abgeschlossene System), auf der sich eine Herde Schafe befindet. Auf dem linken Bild kann man die Insel erkennen mit zwei Bergen drauf und der Schafherde rechts unten → Alle Energie befindet sich auf einem Haufen, wie zum Beispiel bei einer elektrischen Batterie oder einem Tank voller Benzin. Wenn der Schafhirte nun die Schafe auf die Weide bringt, die sich auf der anderen Seite des Bergzuges befindet, dann bleibt schon mal das eine oder andere Schaf auf der Strecke, weil es irgendwo sonst Gras findet, oder um sich etwas gaaaanz besonders interessantes anzusehen. Damit kommt nur eine geringere Menge an Schafen auf die andere Bergseite auf die Weide, ähnlich wie bei den Verlusten auf einer Elektroleitung, die warm wird. Die Energie ist aber nicht verloren, sondern immer noch vorhanden, zum Beispiel in Form der Schafe, die neben dem Weg weiden bzw. in Form von Wärme. Übrigens sind tatsächlich noch zehn Schafe auf der rechten Seite vorhanden, das zehnte Schaf steckt hinter dem rechten Berg (wenn man genau hinsieht, dann sieht man seinen Schweif hervorragen)

2.3 Gesetz des geschlossenen Stromkreises

Jeder elektrische Kreis, in dem elektrische Energie in eine andere Form von Energie umgewandelt wird und umgekehrt, muss ein geschlossener Kreis sein mit einer Stromquelle und einer Stromsenke (Abb. 2.3).

2.4 Ohm'sches Gesetz

Das ohm'sche Gesetz erzählt uns, dass für eine bestimmte elektrische Spannung durch ein elektrisches Bauteil ein bestimmter elektrischer Strom fließt:

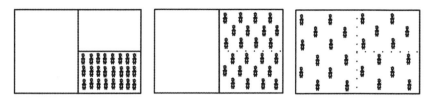

Abb. 2.2 Energie ist wie ein Haufen stinkender Menschen, die sich in einem Raum befinden. Sie rücken so weit wie möglich voneinander ab (= sie verteilen sich so gleichmäßig wie möglich auf den verfügbaren Raum, siehe ganz linkes Bild). Wenn man nun eine Zwischenwand entfernt (mittleres Bild), dann rücken die Menschen wieder so weit wie möglich voneinander ab (= sie verteilen sich so gleichmäßig wie möglich). Durch die etwas größeren Abstände nehmen sie den Gestank der Nachbarn nicht mehr ganz so fürchterlich wahr, aber immer noch genügend, um bei Entfernen der nächsten Zwischenwand (rechtes Bild) noch mal so viel Abstand wie möglich von allen anderen einzunehmen (= sich gleichmäßig zu verteilen). Ebenfalls aus diesem Bild anschaulich erkennbar ist, dass mit der zunehmenden Vergrößerung der Abstände auch der Drang geringer wird, den Abstand noch weiter zu vergrößern, weil man den Gestank der Nachbarn als weniger störend empfindet (= das Energieniveau sinkt mit der Verteilung). Paradoxerweise gibt es bei diesen stinkenden Menschen einzelne, denen der Geruch der Nachbarperson so gut gefällt, dass sie sich dieser Nachbarperson nähern, und wenn diese das ebenso empfindet, dann gibt es aufgrund quantenmechanischer Kräfte ein lokales Energieextremum

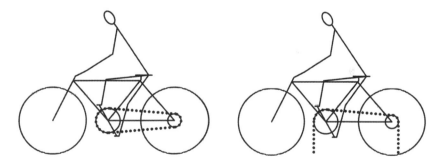

Abb. 2.3 Man betrachte den Stromkreis wie die Fahrradkette auf einem Fahrrad. Die Pedale versinnbildlichen die Batterie und das Hinterrad den Verbraucher, wo die elektrische Energie umgesetzt wird in Licht, Wärme, Bewegung oder was auch immer. Wenn man nun den Stromkreis öffnet, sprich die Fahrradkette durchschneidet, dann passiert nichts mehr, weil der Kraftweg unterbrochen ist

$$R = \frac{U}{I}$$

Wenn diese Beziehung R gleich bleibend ist über einen bestimmten Bereich von Spannungen und Strömen, spricht man von einem elektrischen Widerstand. Es gibt andere Bauteile mit nichtlinearen Beziehungen zwischen den Spannungen und den Strömen, aber jedes elektrische Bauteil hat eine diesbezüglich charakteristische Beziehung (Abb. 2.4a, b und c).

2.5   Regel des Stromknotens

In einem geschlossenen System gibt es kein Erscheinen oder Verschwinden von elektrischen Ladungen, welche den elektrischen Strom ausmachen. Alle Ladungen, die in einen Punkt hineinfließen, den man einen Knoten nennt, fließen auch wieder aus diesem Knoten heraus.

Das geschlossene System kann ein kleines sein oder ein großes bis hin zum gesamten Universum (Abb. 2.5).

2.6   Regel der Spannungsmasche

In einem geschlossenen System gibt es kein Erscheinen und Verschwinden von elektrischer Spannung. Alle Teile von elektrischen Potentialen, die die elektrische Spannung ergeben und verursacht werden durch Unterschiede von elektrischen Ladungen entlang einer geschlossenen Reihe von Komponenten und Leitern, die man eine Masche nennt, ergeben zusammengezählt 0.

Das geschlossene System kann ein kleines sein oder ein großes bis hin zum gesamten Universum (Abb. 2.6).

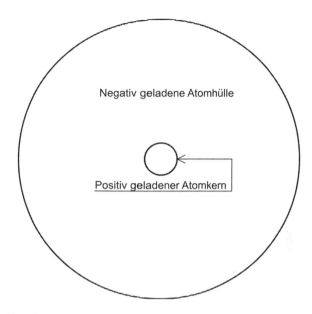

Abb. 2.4a Ehe die verschiedenen Spannungs-Strom-Charakteristiken betrachtet werden, sollten die Begriffe der elektrischen Spannung und des elektrischen Stroms sowie der elektrischen Ladung erläutert warden. Alles beginnt mit elektrischen Ladungen. Der Ursprung für elektrische Ladungen findet sich in den Atomen. Atome sind die Bausteine aller toter und lebender Materie. Es gibt weniger als 120 verschiedene Atome, aus denen alles besteht und die im Prinzip ähnlich aufgebaut sind mit einem Kern aus positiver Ladung und einer Hülle aus negativer Ladung. Der Kern besteht aus elektrisch positiv geladenen Protonen und elektrisch neutralen Neutronen und die Hülle aus elektrisch negativ geladenen Elektronen; die Werte der elektrischen Ladungen eines Protons und eines Elektrons sind gleich, nur die Polarität ist unterschiedlich, da einmal positiv und einmal negativ. Normalerweise ist die Anzahl der Protonen und Elektronen in einem Atom identisch, daher ist das Atom nach außen elektrisch neutral. Der Kern aus Protonen und Neutronen ist fest gefügt, während die Elektronen in der Hülle sich bewegen und auch schon mal das Atom verlassen, z. B. um als elektrischer Strom durch einen Leiter zu fließen

Abb. 2.4b Elektrische Spannung entsteht dann, wenn sich unterschiedliche elektrische Ladungen gegenüberstehen, entweder hinsichtlich ihrer Polarität oder hinsichtlich der Menge an elektrischen Ladungen. Elektrische Spannung ist die Ursache für elektrischen Strom, der anfängt zu fließen, wenn der Stromkreis geschlossen wird (siehe auch 2.2 Energieausgleich und 2.3 Geschlossener Stromkreis). Nach dem Bild von 2.3 Elektrischer Stromkreis ist die elektrische Spannung der Fuß, der auf das Fahrradpedal tritt. Elektrischer Strom ist die Bewegung elektrischer Ladungsträger, ähnlich der Fahrradkette. Bewegliche elektrische Ladungsträger sind in Feststoffen ausschließlich Elektronen, in Flüssigkeiten und Gasen können sich neben Elektronen auch negativ oder positiv geladene (Materie-) Teilchen bewegen und solcherart für elektrischen Strom sorgen. Die Einheit für die elektrische Spannung ist „Volt", für den elektrischen Strom „Ampere" (ausgesprochen „Ampeer") und für die elektrische Ladung „Amperesekunden". Etwas für Verwirrung sorgt manchmal die Unterscheidung zwischen TECHNISCHER STROMRICHTUNG, die von Plus nach Minus führt (und rein willkürlich ist), und PHYSIKALISCHER STROMRICHTUNG, die von Minus nach Plus führt (weil negativ geladene Elektronen vom Minuspol der Stromquelle über die Leitungen und Verbraucher zum Pluspol fließen). Die meisten weiter führenden Regeln der Elektrotechnik beziehen sich auf die technische Stromrichtung

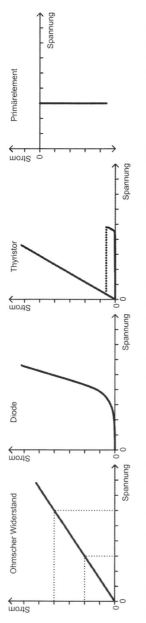

Abb. 2.4c   Erkennbar sind einige Spannungs-Strom-Beziehungen; in dem Graphen für den Ohmschen Widerstand ganz links ist die Beziehung eine Gerade, das heißt, das Verhältnis von Strom zu Spannung ist unabhängig von der Spannung, das Bauteil wird als Ohmscher Widerstand bezeichnet; würde man den Graphen in die negative Richtung fortsetzen, würde sich die Linie für den ohmschen Widerstand ebenfalls gerade fortsetzen. Die Charakteristik einer Diode ist grundsätzlich die, in eine Spannungsrichtung keinen Strom fließen zu lassen; solcherart betrieben nennt man die Diode in Sperrrichtung gepolt. In Durchlassrichtung gepolt fließt bei geringer Spannung immer noch kein nennenswerter Strom, erst wenn eine bestimmte Spannung überschritten wird, dann erhöht sich der Stromfluss massiv und die Diode wird sehr stark leitend; die Funktionen im Einzelnen werden in 6.3 Halbleiter näher erläutert. Die dritte Spannungs-Strom-Charakteristik ist die eines Thyristors, der in Wahrheit ein steuerbares Bauteil ist und tatsächlich zwei Bauteilfunktionen beinhaltet. Der erste Teil der Spannungs-Strom-Kennlinie hat eine gewisse Ähnlichkeit mit einer Diode: Bis zu einer bestimmten Spannung fließt kein nennenswerter Strom, dann erfolgt ein schlagartiger, lawinenähnlicher Durchbruch (gepunktete Linie) und der Thyristor verhält sich wie ein sehr gut leitfähiger Ohmscher Widerstand: Das Verhältnis von Strom zu Spannung ist nahezu unabhängig von der Spannung, bis herunter zu ganz kleinen Spannungen. Erst wenn die Spannung nahezu null Volt wird, wird der Stromfluss unterbrochen und der Thyristor muss erst wieder „zünden". Das Zünden kann entweder – wie vorbeschrieben – durch Erreichen der hohen Spannung geschehen oder durch Steuerung über einen Hilfskontakt, das sogenannte Gate. Ein Primärelement ist eine (chemisch arbeitende) Stromquelle, d. h., der (technische) Strom fließt aus dem Pluspol der Stromquelle heraus und in den Minuspol hinein; daher ist die Kennlinie nach unten deutend, in negative Stromrichtung, während bei den anderen Bauteilen der (technische) Strom in den Pluspol hineinfließt; auf diese Weise werden Stromquellen (Primärelemente, Akkumulatoren, Generatoren etc.) und Stromsenken (= Verbraucher, z. B. Widerstände, Dioden, Kondensatoren, Spulen, Motoren etc.) unterschieden

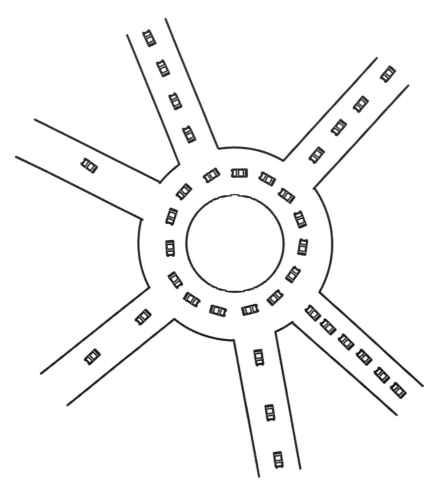

Abb. 2.5 Ein Stromknoten ist wie ein Kreisverkehr: Alle Autos, die in den Kreisverkehr einfahren, müssen ihn auch wieder verlassen, sonst gäbe es irgendwann einen Stau. Stromknoten verbinden mehrere Stromkreise miteinander, wie bei einem Fischernetz

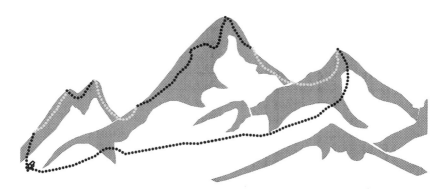

Abb. 2.6 Man stelle sich eine Spannungsmasche wie einen Rundwanderweg in den Bergen vor. Man beginnt links unten im Basislager und steigt auf den ersten Gipfel (schwarze Punkte kennzeichnen den Weg auf der vorderen sichtbaren Seite des Berges, gelbe Punkte auf der hinteren Seite). Dann wandert man durch das Tal zum nächsten Gipfel usw. bis man wieder beim Basislager links unten angelangt ist. Wenn man die Höhenmeter aufaddiert, dabei die ansteigenden Meter positiv rechnet und die abfallenden negativ, dann erhält man bei Ankunft am Basislager als Endsumme null Meter, egal welchen Weg man nimmt. Ansonsten ist die Sportuhr mit Schrittzählerfunktion defekt

Stromarten

3

3.1 Gleich- und Wechselstrom

Gleichstrom (DC = Direct Current) ist gegeben, wenn der Fluss der elektrischen Ladungen sowie die Polarität und Höhe der elektrischen Spannung sich über die betrachtete Zeit nicht ändern.

Wechselstrom (AC = Alternating Current) ist gegeben, wenn der Fluss der elektrischen Ladungen sowie die Höhe und die Polarität der elektrischen Spannung sich über die betrachtete Zeit ändern. Die Anzahl der gleich geformten Spannungs- und Stromteile innerhalb einer Sekunde nennt man die Frequenz des Wechselstromsystems; der Kehrwert der Frequenz ist die Periodendauer.

Wenn der Fluss der elektrischen Ladungen und die Höhe der Spannung sich im Wert ändern und die Extremwerte in einer der beiden Polaritäten in der betrachteten Zeit nicht identisch sind, dann ist es ein Überlappen eines Gleich- und eines Wechselstromsystems.

Wenn die Spannung und der Strom des Wechselstromsystems ihre Extremwerte zum selben Zeitpunkt haben, dann spricht man von Wirkleistung am Verbraucher. Wenn die Spannung und der Strom des Wechselstromsystems jeweils ihre Extremwerte haben, wenn der andere Teil seinen minimalen Wert hat, dann spricht man von Blindleistung. Alles andere dazwischen nennt man Scheinleistung (Abb. 3.1a, b, c, d, e und f).

© Der/die Autor(en), exklusiv lizenziert durch Springer Fachmedien Wiesbaden GmbH, ein Teil von Springer Nature 2021
J. von Stackelberg, *Elektrotechnik in einer halben Stunde,* essentials,
https://doi.org/10.1007/978-3-658-36409-0_3

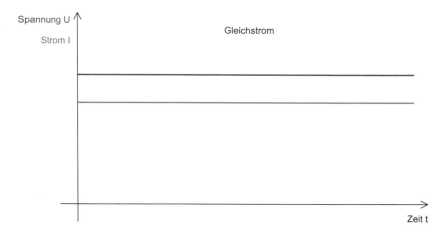

Abb. 3.1a Der Graph zeigt in der Horizontalen den zeitlichen Verlauf und in der Vertikalen die jeweiligen Spannungs- und Stromwerte zu einer bestimmten Zeit. Auf diesem Graph sieht man, dass sich die Höhe der Spannung und des Stromes über die Zeit nicht ändern; typische Gleichstromquellen sind Primärelemente, im Volksmund als Batterien bezeichnet, bei denen durch einen elektrochemischen Prozess zwischen zwei verschiedenen Materialien, die durch spezielle Flüssigkeiten oder Pasten elektrisch verbunden sind, eine elektrische Spannung entsteht; die Höhe der Spannung hängt ab von den beiden Materialien

3.2   Ein- und dreiphasige Systeme

Leistungsversorgungsnetze verteilen sinusförmige Wechselspannung. Es gibt zwei verschiedene Spannungen in einem dreiphasigen Leistungsversorgungsnetz: Die Spannung in einer Phase gegen den Sternpunkt und die Spannung zwischen zwei Phasen. Jeder der beiden Werte steht drei Mal zur Verfügung mit unterschiedlichen Phasenwinkeln zueinander.

Der Phasenwinkel zwischen zwei Spannung einer der beiden Höhen beträgt jeweils 120°. Der Phasenwinkel zwischen zwei Spannungen auf beiden Höhen liegt bei 30°.

Wenn in allen drei Phasen die selben Ströme fließen, fließt in Summe kein Strom durch den Sternpunkt (Abb. 3.2a, b und c).

Man kann in einem Versorgungsnetz jede dieser Spannungen für Einphasenanwendungen für sich abgreifen oder in Dreiphasenanwendungen jeweils als Paket. Man kann weiterhin mehrere dieser Generatoren parallel schalten. Ungleich der Parallelschaltung von zwei Primärelementen, die Gleichstrom erzeugen und bei denen man nur auf die korrekte Höhe der Spannung achten muss, muss man

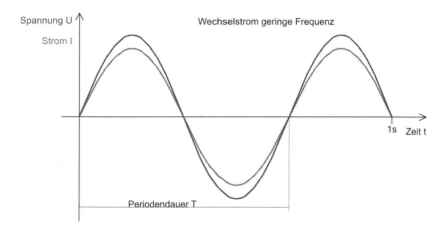

Abb. 3.1b Der Graph zeigt wieder auf der Horizontalen den zeitlichen Verlauf und auf der Vertikalen die zugehörige Spannung und den zugehörigen Strom; man nennt die abgebildete Form der Spannung und des Stromes sinusförmig. Wie man deutlich erkennen kann, polen sich Spannung und Strom nach einer Drittel Sekunde um, werden negativ, um nach zwei Drittel Sekunden wieder positiv zu werden und dann die Form so fortzusetzen wie ganz am Anfang des Graphen. Daher ist die Periodendauer zwei Drittel Sekunde. Da anderthalb Kurventeile der Spannung und des Stromes innerhalb einer Sekunde auftauchen, bedeutet dies eine Frequenz von anderthalb Hertz (1,5 Hz). 50 Hz, wie unser Stromnetz es anbietet, bedeuten 50 dieser Schwingungen pro Sekunde. Sinusförmige Spannungen bzw. Ströme entstehen typischerweise in Generatoren mit rotierenden Teilen, weil der Sinus eine Dreiecksbeziehung aus der Betrachtung eines Kreises ist

bei der Parallelschaltung von Wechselstromgeneratoren die Höhe der Spannung, die Höhe der Frequenz und die Phasenlage beachten. Falls einer der drei Werte unzulässige Abweichungen zwischen den beiden Generatoren hat, führt eine Parallelschaltung unweigerlich zu einem hohen Schaden. Darum ist das so genannte Synchronisieren der einzelnen Stromerzeuger in einem Versorgungsnetz eine sehr aufwändige Angelegenheit.

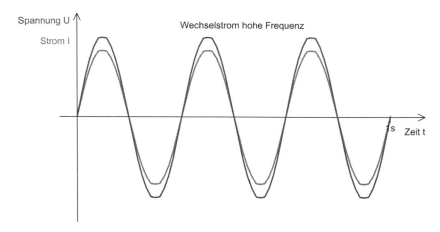

Abb. 3.1c Der Graph ist sehr ähnlich dem Graphen in 3.1b, allerdings ist die Frequenz nun doppelt so hoch, also 3 Hz

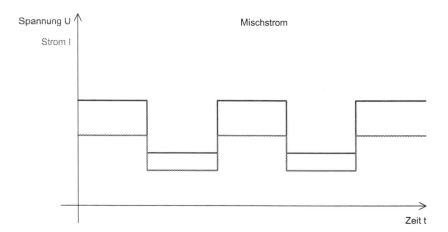

Abb. 3.1d Wechselströme müssen nicht unbedingt sinusförmig sein, sie können auch „rechteckig" sein, dreiecksförmig, sägezahnförmig oder ganz wilde Formen annehmen; im Bild liegt der Mittelwert der Spannungslinie bzw. der Stromlinie nicht auf der Höhe der vertikalen Null; die Abweichung des Mittelwertes von der Null ist ein Gleichstromanteil, dem der Wechselstromanteil überlagert wird

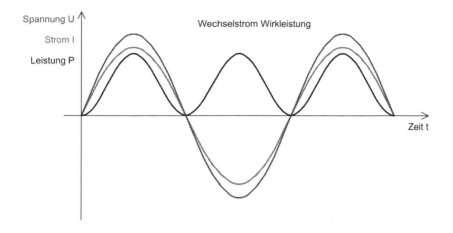

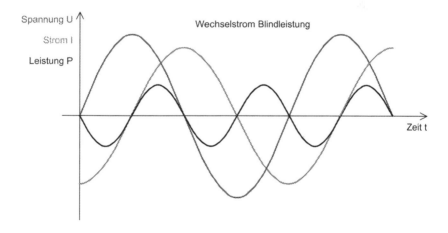

◄**Abb. 3.**1e Wechselspannungen und -ströme werden nicht nur hinsichtlich ihrer Spannungs-
und Stromwerte und ihrer Frequenz betrachtet, sondern auch noch hinsichtlich ihres Null-
durchgangs. Man nennt den zeitlichen Versatz von Nulldurchgängen bei verschiedenen
Sinuslinien die Phase. Wenn die Phase zwischen Spannung und Strom null ist wie auf
dem linken Bild, dann sind die Ergebniswerte aus der Multiplikation der Augenblickswerte
(Werte zum jeweiligen Moment der Zeit) von Spannung und Strom immer positiv (siehe
schwarze Sinuslinie für die Leistung, die sich aus der Multiplikation der Spannung und des
Stromes ergibt, siehe auch 4.1 Leistung, Energie und Wirkungsgrad) und man spricht von
Wirkleistung, weil die Leistung über die gesamte Periode vom Generator in den Verbraucher
fließt (Wenn Spannung und Strom im Moment in die gleiche Richtung weisen, fließt die Leistung aus dem Generator in den Verbraucher, wenn sie in verschiedene Richtungen weisen,
fließt die Leistung vom Verbraucher in den Generator, der Verbraucher wird zur Quelle). Im
rechten Graphen haben Spannung und Strom einen Phasenversatz von einer viertel Periode
und die Leistung ist abwechselnd positiv und negativ; der Mittelwert der Leistung liegt auf
dem rechten Bild auf der vertikalen Nulllinie, daher spricht man von Blindleistung, weil die
Leistung immer nur zwischen dem Verbraucher und dem Generator hin- und herpendelt, aber
nicht in eine andere Leistung umgesetzt wird; Energieversorger mögen es gar nicht, wenn
Kunden Blindleistung verursachen, weil die Generatoren und die Stromnetze mit hohem
Strom belastet werden, aber keine Wirkleistung abgerechnet werden kann; Blindleistung entsteht, wenn Induktivitäten (elektromagnetische Spulen, siehe auch 5.2 Magnetisches Feld)
oder Kapazitäten (elektromagnetische Kondensatoren in Form gegenüberstehender Platten,
siehe auch 5.1 Elektrisches Feld) als Verbraucher verwendet werden

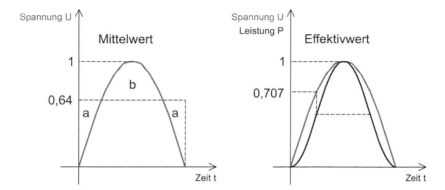

Abb. 3.1f Darstellung einer Sinuslinie mit Spitzenwert, Mittelwert und Effektivwert: Zur vergleichenden Bewertung einer beliebigen Spannungsform zieht man drei Werte dieser Spannung heran: Den Spitzenwert, weil dieser einfach zu ermitteln ist, den (arithmetischen) Mittelwert, der gleich dem Wert ist, den eine Gleichspannung über den selben Zeitraum hat, den Gleichrichtmittelwert, der ähnlich ist dem Mittelwert, nur unter der Maßgabe, dass alle negativen Spannungsteile erst nach oben geklappt werden, und den so genannten Effektivwert (in Englisch „Root Mean Square" oder „rms"-Wert), der dem Gleichspannungswert entspricht, der die selbe Leistung in einem Verbraucher erzeugt. Der arithmetische Mittelwert einer kompletten Sinuslinie ist Null, weil der negative Zeitspannungsflächenanteil gleich ist dem positiven und die beiden sich dadurch aufheben. Für den Gleichrichtmittelwert wird nur eine Halbwelle betrachtet und die Zeitspannungsfläche auf die Zeit bezogen (d. h., man addiert lauter kleine Spannungsstreifen, die man mit der Zeit zur Spannungszeitfläche multipliziert und die in der Höhe die Sinuslinie abtasten, und teilt das Ergebnis durch die Gesamtzeit, siehe auch Anhang 8.1 Mathematische Integration); die sich daraus ergebende Spannung ist etwa 0,64 mal dem Spitzenwert der Sinusspannung (die beiden Teilflächen a ergeben zusammen die Teilfläche b). Für den Effektivwert multipliziert man die Spannungen der kleinen Spannungsstreifen mit sich selbst (Leistung ist Spannung mal Strom oder Spannung zum Quadrat geteilt durch den Widerstand, an dem die Leistung abfällt) und dann mit der Zeit, addiert die Ergebnisse, teilt sie durch die gesamte Zeit und nimmt daraus dann die Wurzel. Das Ergebnis ist bei einer Sinusspannung ungefähr 0,707 mal der Spitzenspannung. Bei Sinusspannungen, die zum Leistungstransport dienen, werden meistens die Effektivwerte angegeben, d. h., die Netzspannung von 230 V(eff) hat einen Spitzenwert von 325 V, für die z. B. alle Isolierungen ausgelegt werden müssen; Sinusspannungen als Signalspannungen werden oft mit ihrem Mittelwert angegeben, weil Mittelwerte mit einfachen Messinstrumenten ohne großen Aufwand gemessen werden können

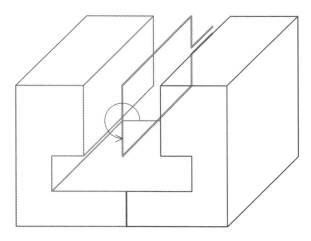

Abb. 3.2a Das Bild zeigt einen Kupferdrahtrahmen, der sich innerhalb der beiden Pole
eines Magneten befindet und dort rotiert, wie durch den Pfeil angedeutet. An den beiden
Enden des Kupoferdrahtrahmens kann eine sinusförmige Spannung gemessen werden. Dies
ist das Prinzip eines Generators für eine einphasige sinusförmige Spannung. In der Rea-
lität wird aus der einzelnen Windung des Kupferdrahtrahmens eine Wicklung aus vielen
Windungen, sodass die Spannung sehr hoch wird, und aus dem Hufeisenmagneten aus der
Spielzeugkiste wird ein Elektromagnet mit geformten Polen, um die Sinusform zu verbes-
sern und andere negative Effekte auszumerzen, die sonst entstehen können, oder man lässt
den Magneten in der Mitte rotieren und baut die Spulen außenrum, wie z. B. bei der Dreh-
stromlichtmaschine im Auto oder beim einfachen Fahrraddynamo, aber das Prinzip bleibt.
Die Geschwindigkeit, mit der sich der Kupferdrahtrahmen dreht, ergibt die Frequenz der
sinusförmigen Spannung sowie die Höhe der Spannung, d. h., langsame Drehzahl bedeutet niedrige Frequenz und kleine Spannung, schnelle Drehzahl bedeutet hohe Frequenz und
hohe Spannung. Der rotierende Teil heißt übrigens Anker, Läufer oder Rotor und der außen
liegende Teil heißt Feld, Ständer oder Stator

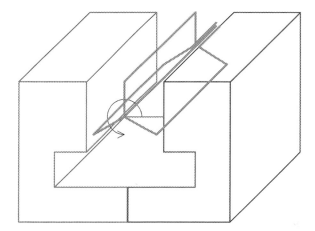

Abb. 3.2b   Dieses Bild zeigt wieder den Hufeisenmagneten, nur dass dieses Mal drei Kupferdrahtrahmen in der Mitte angeordnet sind. Die drei Rahmen sind mit jeweils einer Seite in der Mitte auf der Drehachse verbunden und ragen dann sternförmig voneinander nach außen. Der Winkel zwischen den Rahmen beträgt 120° (wir erinnern uns, der Vollkreis hat 360°). Lässt man diese Konstruktion aus drei Rahmen rotieren, dann erhält man drei sinusförmige Spannungen, die an den Drahtenden im oberen Teil des Bildes abgegriffen werden können. Durch die Winkel von 120° in der Rahmenanordnung sind auch die Sinusspannungen zueinander um 120° verschoben

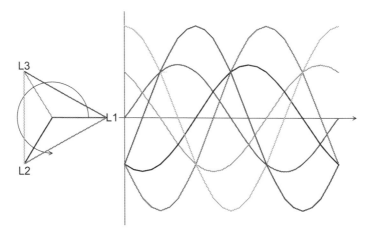

Abb. 3.2c Das Bild zeigt links die schematische Darstellung der drei Kupferrahmen (braun
= L1, schwarz = L2 und grau = L3) mit Hilfe von Zeigern sowie daneben die Darstellung
der dazu gehörigen Sinusspannungen. Weiterhin werden in diesem Bild die Spannungsrich-
tungen zwischen den Spannungen L1, L2 und L3 gezeigt (rot, blau und grün) und die ent-
sprechenden sinusförmigen Spannungen dazu. Die drei Linien für L1 (braun), L2 (schwarz)
und L3 (grau) treffen sich in der Mitte und gehen von dort sternförmig auseinander. Der
Punkt in der Mitte wird Mittelpunktsleiter genannt, die aus dieser Konstellation resultieren-
den Spannungen L1, L2 und L3 als Sternspannungen. Die außen liegenden dreiecksförmig
angeordneten Spannungen L1L2, L2L3 und L3L1 heißen demzufolge Dreiecksspannungen.
Die Dreiecksspannungen kann man einfach ermitteln, indem man die Augenblickswerte von
zwei Sternspannungen zusammenfügt (L1L2 = L2 – L1). Der Strom durch den Mittelpunktsleiter lässt sich ähnlich durch Addition aller drei Stromaugenblickswerte durch die
drei Sternleiter ermitteln; man wird feststellen, dass der Strom durch den Mittelpunktsleiter höchstens so hoch wird wie der Strom durch einen der drei Sternleiter und minimal
verschwindet, wenn alle drei Sternströme gleich hoch sind. Das gilt jedoch nur für sinusförmige Anwendungen. Bei nichtsinusförmigen Anwendungen, wie zum Beispiel bei elektronischen Verbrauchern, kann der Strom durch den Mittelpunktsleiter den mehrfachen Wert
eines Sternleiters annehmen

Energie und Leistung 4

4.1 Leistung, Energie und Wirkungsgrad

Das Produkt aus momentanem Strom und momentaner Spannung ergibt die momentane Leistung. Wenn der Wert der Leistung negativ ist, dann ist das Bauteil, für das die Leistung betrachtet wird, eine Quelle, ansonsten ein Verbraucher bzw. eine Senke, wobei die Erzeugung bzw. der Verbrauch sich immer nur auf die elektrische Leistung beziehen, weil tatsächlich nur eine Umwandlung einer Leistungsform in eine andere stattfindet.

Die Integration der Leistungswerte über die Zeit ergibt die Energie, die das Bauteil erzeugt bzw. verbraucht, wobei die Erzeugung bzw. der Verbrauch sich immer nur auf die elektrische Energie beziehen, weil tatsächlich nur eine Umwandlung einer Energieform in eine andere stattfindet (siehe auch Anhang 8.1 Mathematische Integration).

Das Verhältnis zwischen der Leistung, die aus einem Bauteil herauskommt und der Leistung, die in ein Bauteil hineingegeben wird, um die notwendige Leistung am Ausgang zu erzielen, nennt man den Wirkungsgrad des Bauteils oder Systems. Mit Stand heute kann ein Wirkungsgrad von größer als 100 % bei einem System nicht erreicht werden. Man denke in diesem Zusammenhang noch einmal an das Bild aus Abschn. 2.1 Energieerhaltung: Wenn die Schafe vom Schlafplatz (der Leistungsquelle) zur Weide getrieben werden (der Leistungssenke), geht das eine oder andere Schaf „verloren", weil es am Wegesrand grasen will oder zu einem Bach läuft etc. Es kommen in jedem Fall weniger Schafe an der Weide an als am Schlafplatz losgezogen sind (wir beziehen jetzt nicht die Geburt neuer Lämmer auf dem Weg mit ein) (Abb. 4.1).

© Der/die Autor(en), exklusiv lizenziert durch Springer Fachmedien Wiesbaden GmbH, ein Teil von Springer Nature 2021
J. von Stackelberg, *Elektrotechnik in einer halben Stunde*, essentials, https://doi.org/10.1007/978-3-658-36409-0_4

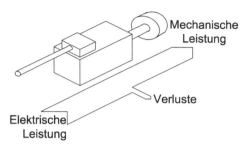

Abb. 4.1 Schematischer Elektromotor mit Riemenscheibe auf der Ausgangswelle; die elektrische Leistung, die durch das Kabel in den Motor gegeben wird, teilt sich im Motor auf in Verluste in Form von Wärme, Reibung, Streufelder usw. und die Nutzleistung, die an der Ausgangswelle mechanisch zur Verfügung steht

4.2   Umwandlung elektrischer Leistung in andere Leistungsformen und umgekehrt

Elektrische Leistung kann in andere Leistungsformen umgewandelt werden:

- Mechanische Leistung: Elektrischer Strom erzeugt ein elektromagnetisches Feld, das die Ursache für Krafteinwirkungen ist. Die Krafteinwirkungen werden zum Beispiel in Elektromotoren in mechanische Bewegung in Form von Rotation oder sonstiger Bewegung umgewandelt.
- Chemische Leistung: Elektrische Spannung und elektrischer Strom verursachen Bewegung von Ladungen, die zu chemischen Reaktionen führen, z. B. das Beschichten von Materialien mit anderen Materialien (Galvanisieren) oder die Erzeugung von Ozon durch Hochspannung.
- Licht: Licht ist das Vorhandensein von Photonen; diese werden entweder direkt durch atomar stattfindende Prozesse erzeugt, z. B. in Leuchtdioden, Laserquellen oder Leuchtstofflampen, oder entstehen als „Abfallprodukt", wenn ein elektrischer Leiter mit so starkem Strom durchflossen wird, dass er anfängt zu glühen, z. B. bei einer Glühlampe.
- Wärme entsteht fast bei allen elektrischen Stromflüssen, weil die Ladungsträger, wenn sie sich durch den Leiter bewegen, die Atome des Leiters anstoßen, was zu vermehrter Bewegung selbiger Atome führt und was nichts anderes als Wärme ist. Eine Ausnahme hiervon bilden sogenannte Supraleiter, spezielle Materialien unter speziellen Bedingungen, durch der elektrische Strom ohne Behinderung durchfließt.

Die Umwandlungsmechanismen sind im Prinzip reversibel, d. h., mechanische, chemische, Licht- und Wärmeleistung können in elektrische Leistung umgewandelt werden, wobei nicht in jedem Fall der physikalisch-chemisch-technische Aufbau, der die eine Leistungsumwandlung bewerkstelligt, auch den umgekehrten Prozess beherrscht.

- Mechanische Leistung wird mit Hilfe von Generatoren in elektrische Leistung umgewandelt (siehe auch Abschn. 3.2 Ein- und dreiphasige Systeme).
- Chemische Leistung wird in Primärelementen („Batterien") in elektrische Leistung umgewandelt, wobei ein Primärelement eine systematisch begrenzte Lebensdauer hat, die damit endet, wenn eine der beiden Elektroden chemisch aufgebraucht ist. Akkumulatoren, die so ähnlich aufgebaut sind wie Primärelemente, sind keine Primärelemente, weil sie erst geladen werden müssen, ehe sie wieder Leistung abgeben können, und ihre Lebensdauer theoretisch unendlich ist.
- Licht wird z. B. in Photovoltaikmodulen in elektrische Leistung umgewandelt. Photovoltaikmodule bestehen aus Halbleitern, siehe auch Abschn. 6.3 Halbleiter.
- Peltierelemente bestehen aus zwei verschiedenen Materialien, z. B. Halbleitern, die in engem Kontakt zueinander stehen. Wenn man die Elemente erwärmt, werden an der Trennschicht zwischen den Materialien Ladungen getrennt, die als elektrische Leistung extern umgesetzt werden können.

Felder und Wellen

5

5.1 Elektrisches Feld

Elektrische Felder gibt es überall, wenn zwei unterschiedliche elektrische Ladungszustände gegeneinander stehen. In diesem Fall hat das elektrische Feld eine Quelle und Senke, wobei die Betrachtung sich nur auf die Polarität bezieht. Die Quelle und die Senke können vom Gleich- und vom Wechseltyp sein. Die Distanz zwischen den Ladungen kann gegen unendlich gehen.

Alternativ gibt es elektrische Felder mit geschlossenen Feldlinien. In diesem Fall gibt es keine Quelle und keine Senke. Die Erscheinung dieser Form des elektrischen Feldes ist gekoppelt mit der Existenz magnetischer Wechselfelder (siehe Abschn. 5.3 Elektromagnetische Felder und Wellen) (Abb. 5.1a und b).

5.2 Magnetisches Feld

Ein magnetisches Feld hat keine Quelle und keine Senke, es ist immer vom Typ geschlossener Feldlinien. Das magnetische Feld ist gekoppelt an die Bewegung elektrischer Ladungen oder die Existenz von elektrischen Wechselfeldern.

Da sich gleichnamige Magnetfeldpole abstoßen und ungleichnamige Magnetfeldpole anziehen, kann man durch Erzeugung von Magnetfeldern mechanische Bewegungen hervorrufen, die durch die Abstoßung bzw. Anziehung entstehen. Auf diese Weise funktionieren Elektromotoren (Abb. 5.2a, b und c).

© Der/die Autor(en), exklusiv lizenziert durch Springer Fachmedien Wiesbaden GmbH, ein Teil von Springer Nature 2021
J. von Stackelberg, *Elektrotechnik in einer halben Stunde,* essentials, https://doi.org/10.1007/978-3-658-36409-0_5

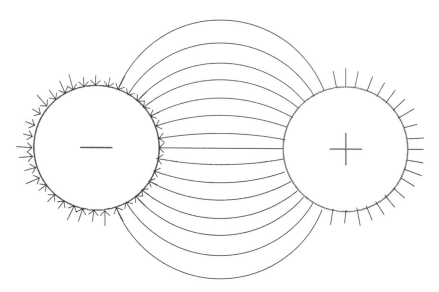

Abb. 5.1a Zwei sich gegenüber stehende (kugelförmige) Träger mit elektrischen Ladungen erleben zwischen sich ein elektrisches Feld, das in dem Bild durch Linien angedeutet ist. Die Pfeile deuten in die Richtung des elektrischen Feldes; diese weist von Plus nach Minus (die Festlegung der Feldlinienrichtung ist rein willkürlich). Dieses elektrische Feld ist keine wie auch immer geartete Materie und benötigt für die Existenz auch keine wie auch immer geartete Materie. Der Abstand der Linien zueinander sagt etwas über die lokale elektrische Feldstärke aus; wie man unschwer erkennen kann, liegen die Linien an den beiden Kreisen für die Ladungsträger am dichtesten. Würde man die Kreisradien kleiner machen, wäre diese Liniendichte noch höher, weil sich die Linien am Kreismittelpunkt alle treffen würden, wo sie dann am dichtesten sind. Aus diesem Grund, dass kleinere Radien höhere Feldstärke bedeuten, entzünden sich elektrische Blitze am ehesten an elektrisch leitenden Spitzen, bzw. ein Blitz schlägt am ehesten an einer metallischen Spitze ein, wenn nicht gerade daneben ein elektrisch noch besserer Leiter in Plattenform den Blitz geradezu zum Einschlagen einlädt. Sind die beiden Träger der elektrischen Ladungen in einen elektrischen Leiter gebettet, z. B. als Elektroden in einer leitfähigen Flüssigkeit, bewegen sich die Ladungsträger, die den Stromfluss ausmachen, entlang dieser Feldlinien. Auch wenn in dem Bild auf den dem jeweiligen Gegenpol abgewandten Seite die Feldlinien nur noch als Stoppeln auf der Oberfläche angedeutet sind, so sind sie doch alle mit der jeweiligen Gegenstoppel verbunden, wenn nicht ein dritter Träger mit Ladungen die dortigen Linien ablenkt

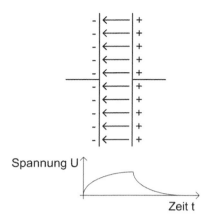

Spannung U ↑

Zeit t

Abb. 5.1b Elektrisches Feld zwischen zwei Platten, die gegensätzlich elektrisch geladen sind. Mit dieser elektrischen Ladung ist in den beiden Platten elektrische Energie gespeichert. Man nennt ein derartiges Konstrukt aus zwei Platten, die sich gegenüberstehen, einen elektrischen Kondensator. Wenn man den Kondensator elektrisch lädt oder entlädt, dann geschieht das nach einer speziellen Funktion, wie im unteren Teil des Bildes dargestellt, weil je geringer die elektrische Spannung, die durch die elektrische Ladung hervorgerufen wird, desto geringer das Bedürfnis, sich zu entladen (siehe auch Abschn. 2.2 Gesetz des Energieausgleichs)

5.3   Elektromagnetische Felder und Wellen

Mit jedem elektrischen Wechselfeld ist ein magnetisches Wechselfeld gekoppelt und umgekehrt. Es besteht daher keine Möglichkeit, eines der beiden Wechselfelder isoliert zu erzeugen. Meistens reicht es, eines der Wechselfelder zu betrachten, das andere lässt sich aus den Zuständen entsprechend ableiten.

Elektrische und magnetische Wechselfelder sind nicht an Materie gebunden, sie können sich auch im Vakuum in Form elektromagnetischer Wellen ausbreiten (Abb. 5.3a, b und c).

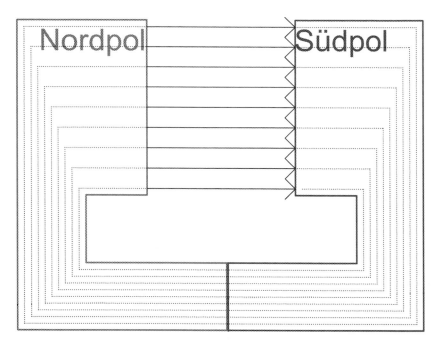

Abb. 5.2a Schematisch dargestellter hufeisenförmiger Dauermagnet mit besonders großen Polen und eingezeichneten Feldlinien. Die Feldlinien enden nicht an den Polen, sondern führen intern weiter. Die Bezeichnung „Nordpol" und „Südpol" kommt daher, dass ein Kompass, der mit einer Magnetnadel ausgestattet ist, mit einem Pol immer in die Nähe des geographischen Nordpols weist und daher dieser Pol des Kompasses „Nordpol" genannt wird. Wie man auf dem Bild gut erkennen kann, wird die Dichte der Magnetfeldlinien an der Stelle am höchsten, wo der Querschnitt des Hufeisenmagneten am geringsten ist

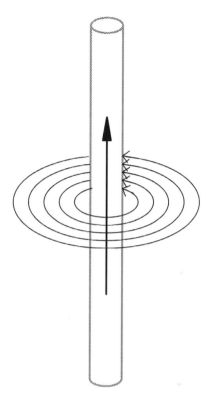

Abb. 5.2b Schematische Darstellung eines Leiterstückes, durch das elektrischer Strom fließt, dessen technische Stromrichtung durch den Pfeil in dem Leiterstück angezeigt wird. Um diesen Leiter bildet sich ein Magnetfeld aus, dessen Feldlinien und -richtung durch die konzentrischen Kreise angedeutet werden. Magnetfelder gibt es immer, wenn elektrische Ladungen sich bewegen. Auch die Magnetfelder, die an den so genannten „Dauermagneten" entstehen, sind auf die Bewegung elektrischer Ladungen zurückzuführen, weil sich in bestimmten Werkstoffen, zum Beispiel Eisen, die um die Atomkerne kreisenden Elektronen unter bestimmten Bedingungen so ausrichten und in dieser Ausrichtung verharren, dass ihre Kreisbahnen annähernd parallel liegen und sich die vielen kleinen Magnetfelder, die sie durch ihre Kreisbewegung erzeugen, aufaddieren

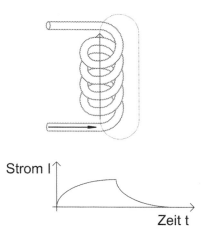

Strom I

Zeit t

Abb. 5.2c Darstellung einer Leiterspule mit dem dadurch erzeugten Magnetfeld; bei der angedeuteten technischen Stromrichtung (siehe Pfeil im Leiter) hat das Magnetfeld die entsprechende Richtung. Gibt man in die Leiterspule einen Eisenkern, so verstärkt sich das Magnetfeld. Mit diesem Konstrukt, das man eine elektrische Induktivität nennt, kann man elektrische Energie in Form des durch den Stromfluss hervorgerufenen Magnetfeldes speichern, d.h., die Spule versucht, mithilfe des Magnetfeldes den Stromfluss durch die Spule aufrecht zu halten, wenn man den Stromfluss abschaltet, wobei die Änderung des Stromflusses über die Zeit einer Funktion folgt, weil je geringer der Unterschied im Stromfluss, desto geringer der Drang, ihn auszugleichen (siehe 2.2 Gesetz des Energieausgleichs).

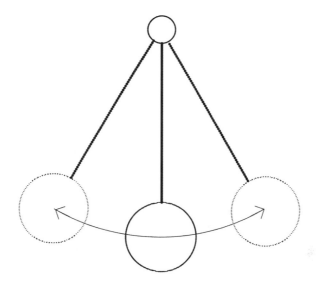

Abb. 5.3a Um Wellen zu verstehen, beginnt man am besten mit dem Pendel, das ausgelenkt wurde und nun schwingt. Die Schwingung ist ein permanenter Wechsel zwischen zwei Energieformen, der kinetischen (Bewegungs-) und der potentiellen (Lage-). Hier sind die beiden Gesetze, der Energieerhaltungssatz (Abschn. 2.1 Gesetz der Energieerhaltung) und der Energieausgleichssatz (Abschn. 2.2 Gesetz des Energieausgleichs) besonders augenfällig: Wenn das Pendel in seiner untersten Position ist, wo es eigentlich hinmöchte, weil da der lokale Energiezustand am geringsten ist, dann ist zwar die Lageenergie am geringsten, dafür aber die Geschwindigkeit am höchsten. Darum geht das Pendel weiter, bis es alle Bewegungsenergie wieder in Lageenergie umgewandelt hat und seinen höchsten Punkt erreicht hat. Dann kehrt sich die Bewegung um usw

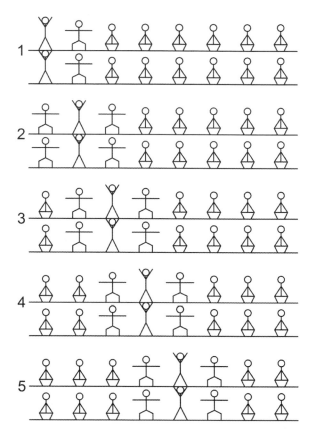

Abb. 5.3b Schematische Darstellung von fünf nacheinander folgenden Momentaufnahmen einer Wellenbewegung durch die Sitzreihe eines Stadions, wenn das Publikum einem Star besonders huldigen will oder ihren Lieblingsverein begrüßt. Wellen sind die Bewegungen vieler einzelner (Pendel-)Elemente; betrachtet man den einzelnen Zuschauer, dann bewegt er sich nur einfach auf und ab wie ein Pendel. Durch die koordinierte Bewegung vieler Zuschauer im Stadion sieht es aus, als liefe eine Welle durch die Sitzreihen. Die Zeit, die zwischen den einzelnen der fünf Momentaufnahmen vergeht, drückt die Geschwindigkeit aus, mit der die Welle durch das Stadion läuft (je kürzer die Zeit, desto höher die Geschwindigkeit). Genau betrachtet, gibt es zwei Geschwindigkeiten, die in der Welle vorkommen: Die Geschwindigkeit, mit der sich die Welle durch das Stadion bewegt und die man die Phasengeschwindigkeit nennt, und die Geschwindigkeit, mit der sich der Zuschauer aufstellt und hinsetzt. Wenn er dies nicht nur einmal macht, sondern im steten Rhythmus, dann ist das die Frequenz, die in der Welle steckt

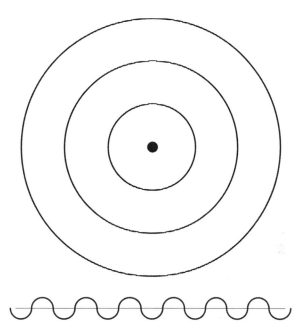

Abb. 5.3c Wirft man einen Stein in einen Teich, so ergeben sich konzentrische Wellen-ringe, die nach außen laufen (oberes Bild). Seitlich betrachtet sieht man die Form der Wellen (unteres Bild). Geht man ganz nah heran und betrachtet die einzelnen Wassermoleküle, so kann man feststellen, dass diese zwei Bewegungen ausführen: Einmal die Auf- und Abbe-wegung und zum Andern eine Hin- und Herbewegung. Die Ursache für diese Bewegungen sind wieder im Ausgleichsbestreben ähnlich dem Pendel zu finden: Der Stein verursacht eine Verschiebung von einigen Wassermolekülen nach unten und auf die Seite, und diese tragen ihre Auslenkung fort, im Lauf der Zeit bis an den Rand des Teiches. Ähnlich funk-tioniert die Ausbreitung von elektromagnetischen Wellen, nur dass in diesem Fall keine Materie (Wassermoleküle im Teich) die Träger der Wellen sind, sondern die elektrischen und magnetischen Felder, die untrennbar miteinander verbunden sind wie das Wasser als makro-skopisches Element. Das obere Bild betrachtend, wäre dann vergleichbar mit dem Blick von oben auf eine Stabantenne, in der sich die Elektronen auf- und abbewegen, verursacht durch die angelegte Spannung am unteren Ende, und durch die Auf- und Abbewegung magneti-sche und elektrische Wechselfelder erzeugen. Entsprechend der kinetischen und potentiellen Energie am Pendel treten die Minima und Maxima an magnetischem und elektrischem Feld versetzt auf und halten sich auf diese Weise in Schwingung

Signalwandler 6

6.1 Elektrischer Schalter

Ein elektrischer Schalter ist ein Bauteil, das einen elektrischen Stromkreis öffnet oder schließt und dadurch den elektrischen Stromfluss zulässt oder stoppt.

Wenn der elektrische Schalter geschlossen ist, ist sein elektrischer Widerstand ganz gering im Vergleich zu anderen Widerständen in der Masche und nur eine ganz geringe Spannung liegt über dem Schalter.

Wenn der elektrische Schalter geöffnet ist, ist sein elektrischer Widerstand ganz hoch im Vergleich zu anderen Widerständen in der Masche und eine sehr hohe Spannung liegt über dem Schalter, verglichen mit den anderen Bauteilen.

Elektrische Schalter können verschiedentlich betätigt werden, z. B. durch mechanische, elektrische oder magnetische Kraft oder durch Wärme, Licht usw.

Elektrische Schalter können den elektrischen Stromkreis unterbrechen, indem ein kleines Leiterstück physikalisch bewegt wird oder indem der elektrische Widerstand eines Bauteils signifikant verändert wird (Abb. 6.1a und b).

© Der/die Autor(en), exklusiv lizenziert durch Springer Fachmedien Wiesbaden GmbH, ein Teil von Springer Nature 2021
J. von Stackelberg, *Elektrotechnik in einer halben Stunde,* essentials,
https://doi.org/10.1007/978-3-658-36409-0_6

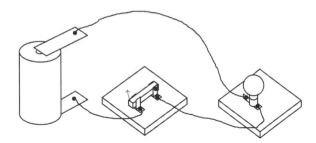

Abb. 6.1a Das Bild zeigt einen sehr einfachen Stromkreis, bestehend aus einem Primärelement mit den beiden Anschlussfahnen, einem relativ klobigen Schalter, einer Glühlampe und Drahtverbindungen zwischen den Bauteilen. Im Moment befindet sich das Schaltglied des Schalters zwischen den beiden Kontaktfahnen; um den Schalter zu öffnen, muss er in Pfeilrichtung hochgeklappt werden. Die Lampe leuchtet nicht, obwohl das Schaltglied zwischen den Kontaktfahnen liegt. Kontaktprobleme sind mit die häufigsten Fehlerursachen, warum elektrotechnische Schaltungen nicht funktionieren. In so einem Fall übernimmt eine zufällige Stelle in dem Stromkreis (der Masche) die Funktion eines offenen Schaltgliedes, d. h., die überwiegende Spannung der Stromquelle fällt an dieser Stelle ab. Nun gibt es verschiedene Methoden, den Fehler zu finden bzw. zu beseitigen: Man kann alles mit Kontaktspray besprühen; man kann an allen Drähten zupfen und das Primärelement zwischen den Anschlussfahnen ein paar mal bewegen, falls diese nicht festgeschweißt oder festgelötet sind, in der Hoffnung, dass die Lampe irgendwann erstrahlt, oder man kann sich eines Messgerätes bedienen

6.2   Vakuumröhren

In einer Vakuumröhre treten elektrische Ladungen aus einer Elektrode unter Einfluss von Wärme und elektrischer Feldstärke ins Vakuum aus.

Weil nur Elektronen in signifikanter Anzahl aus Materie austreten können, hat eine Vakuumröhre grundsätzlich eine Gleichrichterfunktion.

Weiterhin kann der Elektronenstrom im Vakuum durch Gitter gesteuert werden, die an elektrische Spannung angeschlossen sind. In diesem Fall arbeitet die Vakuumröhre wie ein Signalverstärker oder wie ein elektrisch gesteuerter Schalter (Abb. 6.2a und b).

6.3   Halbleiter

In einem Halbleiterbauelement werden verschiedene Atome zu Kristallstrukturen zusammengefügt, um lokale Potentialunterschiede auf Atomgrößenniveau zu bilden.

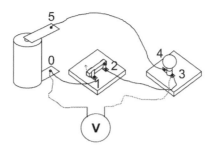

Abb. 6.1b Der Markt bietet eine Vielzahl von Prüf- und Messinstrumenten, mit denen man vor allem im Installationsspannungsbereich (230 V AC) Fehlersuche betreiben kann (siehe auch Anhang 8.2 Messtechnik). Da gibt es „einpolige Spannungsprüfer", am besten als Schraubendreher ausgeführt, da gibt es „einpolige kontaktlose Spannungsprüfer", dann gibt es zweipolige Spannungsprüfer mit einer integrierten Signallampe bis hin zu Signallampenreihen, um verschiedene Spannungsniveaus festzustellen, und dann gibt es die Reihe der Messgeräte in unterschiedlichsten Ausführungen. Einpolige Spannungsprüfer, egal in welcher Form, sind lebensgefährlich und haben im Werkzeugkasten nichts verloren. Man kann sie in der Küche verwenden, um durch reinpieksen den Garzustand von Kartoffeln zu prüfen, wenn man sie (die Spannungsprüfer) vorher gereinigt hat, aber sonst auch zu nichts. Zweipolige Spannungsprüfer taugen nur dann etwas, wenn sie Spannungsniveaus einigermaßen vernünftig anzeigen, weil man sonst bei der Fehlersuche, warum das Licht nicht leuchtet, eventuell in die Irre geführt wird, wenn zum Beispiel nicht nur eine Fehlstelle in dem ganzen Stromkreis vorhanden ist. Ich persönlich verwende für die Fehlersuche im elektrischen Stromkreis entweder einen Spannungsmesser oder ein Oszilloskop. Mit diesen Instrumenten kann man einen Stromkreis am genauesten analysieren und kommt einem wie auch immer gearteten Fehler am ehesten auf die Spur. In dem gezeigten einfachen Schaltkreis, bestehend aus Primärelement, Schalter, Verbraucher in Form einer Glühlampe und diversen Drähten zur Verbindung der Bauteile, gibt es nun irgendwo einen unerwarteten Zustand, der dazu führt, dass die Lampe nicht leuchtet, obwohl der Schalter geschlossen ist. Klemmt man den Spannungsmesser (das Voltmeter, symbolisiert durch einen Kreis mit einem „V") mit dem Minuspol (blaue Leitung) an den Minuspol des Primärelements (Klemme 0 in dem Bild) und folgt mit dem Pluspol (rote Leitung) dem Schaltkreis entsprechend der Nummern, erwartet man folgende Messergebnisse: Klemme 1 → 0 V, Klemme 2 → 0 V, Klemme 3 → 0 V, Klemme 4 → 1,5 V, Klemme 5 → 1,5 V. Tatsächlich misst man in dem (angenommenen Fehler-) Fall: Klemme 1 → 0 V, Klemme 2 → 0,4 V, Klemme 3 → 0,6 V, Klemme 4 → 1,5 V, Klemme 5 → 1,5 V. Da hat wohl jemand den Draht zwischen den Klemmen 2 und 3 nicht ordentlich angeklemmt, und tatsächlich misst man anschließend, wenn man die beiden Schrauben gelöst (die Fahnen sind übrigens vernickelt), die Klemmstellen gereinigt und dann alles ordentlich wieder zusammengebaut hat, bis zur Klemme 3 die besagten 0 V und ab Klemme 4 die Batteriespannung von 1,5 V. Nun leuchtet die Glühlampe immer noch nicht. Die Glühlampe sollte nicht defekt sein, weil man sonst vorhin nicht diese komischen Spannungen von 0,4 und 0,6 V gemessen hätte. Aber hat die Glühlampe die richtige Nennspannung?

◄**Abb. 6.**1b Einmal aus der Fassung nehmen, die Beschriftung prüfen: Die Nennspannung stimmt, aber der Kontaktlötpunkt am Fuß der Lampe sieht sehr stumpf (matte Oberfläche) aus. Den Fuß vorsichtig auf einem Stück Papier ein paar mal hin und her reiben und die Lampe wieder einsetzen. Voila, Gott sprach, es werde Licht, und es ward Licht. Mit dieser Aktion kann man feststellen, dass so eine einfache Schaltung wie die auf dem Bild gezeigte doch eine ganze Menge Tücken haben kann. A pro pos: Man fasst Glühlampen grundsätzlich nicht mit bloßen Fingern am Glaskörper an, sondern verwendet entweder einen Lampenzieher (ein Spezialwerkzeug, das es nur im speziellen Fachhandel gibt) oder ein Stück sauberen trockenen Papiers, das man um den Glaskörper legt. Ebenso fasst man die kleinen Batterien (beginnt bei Monozellen und endet bei den ganz kleinen Knopfzellen) nicht mit bloßen Händen an, sondern mithilfe eines isolierten Werkzeugs (Kunststoffzange, Kunststoffpinzette) oder dem besagten Stück sauberen trockenen Papiers

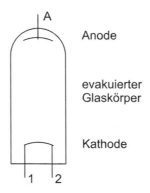

Abb. 6.2a Schematisch dargestellte Vakuumröhre, die als Diode ausgeführt ist: In einem evakuierten Glaskörper befindet sich auf der einen Seite die Kathode mit den beiden Anschlüssen 1 und 2 und auf der anderen Seite die Anode mit dem Anschluss A. Die Kathode wird beheizt, indem der Anschluss 1 auf Bezugsspannung gelegt wird und an den Anschluss 2 eine kleine Gleich- oder Wechselspannung von einigen Volt angelegt wird. Der Kathodendraht fängt dadurch an zu glühen, und wenn nun zwischen dem Anschluss 1 (Bezugsspannung) und dem Anschluss A eine hohe Spannung von einigen hundert bis einigen tausend Volt (hängt vom Röhrentyp ab) angelegt wird und zwar so, dass die Anode positiv ist gegenüber der Kathode, dann fließt ein Strom durch die Vakuumröhre. Der Strom hängt bis zu einem gewissen Grad von der Spannung ab, in erster Linie jedoch davon, dass eine bestimmte Mindestspannung überschritten wird, ab der die Elektronen aus der Kathode austreten können. Polt man die Spannung zwischen 1 und A so, dass A negativer ist als 1, so fließt kein nennenswerter Strom, auch bis zu sehr hohen Spannungen. Die skizzierte Form der Kathode nennt man direkt beheizt. Indirekt beheizte Kathoden haben eine separate Glühwendel unter der Kathode, deren Strahlungswärme die Kathode erwärmt. Der Vorteil bei indirekt beheizten Kathoden liegt darin, dass die Heizspannung und die Kathodenspannung völlig unabhängig voneinander sind und kein gemeinsames Potential haben

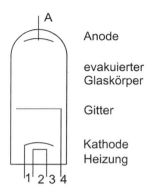

Abb. 6.2b Schematisch dargestellte Vakuumröhre, die als Triode ausgeführt ist: Neben der Anode und der Kathode, die im Gegensatz zu Bild 15 a als indirekt beheizte Kathode ausgeführt ist, befindet sich im Elektronenweg zwischen der Kathode und der Anode ein Gitter, das an den Anschluss 4 geführt wurde. Wenn man an das Gitter im Verhältnis zur Kathode keine Spannung anlegt, dann arbeitet die Vakuumröhre so wie die in Abb. 6.2a beschriebene. Legt man an das Gitter eine negative Spannung im Verhältnis zur Kathode, dann werden die Elektronen gebremst, und je höher der Spannungswert am Gitter, desto geringer der Stromfluss, bis er bei einer bestimmten Spannung ganz versiegt ist. Auf diese Weise kann man mit einer relativ kleinen Gitterspannung einen großen Strom sehr genau regeln, man hat einen Leistungsverstärker. Es gibt noch weitere Ausbaustufen mit zwei (Tetrode), drei (Pentode) oder vier Gittern (Hexode), mit parallel liegenden Systemen etc. Vakuumröhren finden heute noch Einsatz im sehr hohen Frequenz-Leistungs-Bereich, z. B. in Sendeanlagen oder Radarsystemen

Diese lokalen Potentialunterschiede können durch makroskopische Spannungen an dem und Strömen durch den Kristall überwunden werden und befähigen den Halbleiter auf diese Weise, als Gleichrichter, Signalverstärker oder Schalter zu arbeiten.

Komplexe Strukturen von Halbleiterschaltern können sogar ein frei programmierbares Mikrocontrollersystem bilden (Abb. 6.3a, b, c, d, e und f).

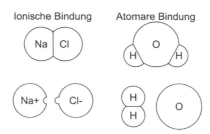

Abb. 6.3a Grundsätzlich entstehen Bindungen zwischen Atomen aus dem Bestreben der Atome heraus, auf der Oberfläche der Elektronenhülle eine bestimmte Elektronenkonfiguration zu haben. Um diese zu erreichen, gehen Atome Beziehungen zu anderen Atomen ein und man „leiht" sich gegenseitig Elektronen aus der Oberfläche, sodass alle Atome das Gefühl haben, diese bestimmte Elektronenkonfiguration zu haben. Diese gegenseitige Elektronenverleiherei führt dann zu den Bindungskräften zwischen den Atomen. Neben der ionischen Bindung und der atomaren Bindung gibt es in der Stoffkunde die Kristallbindung. Vergleicht man diese Bindungen mit zwischenmenschlichen Beziehungen, dann ist die ionische Form sicherlich die toxische von den dreien, denn wenn die Atome sich aus der Verbindung trennen (Im Beispiel sieht man das Kochsalzmolekül, bestehend aus einem Natriumatom (Na) und einem Chloratom (Cl)), dann behält das Chloratom eines der Elektronen aus der Hülle des Natriums, ist dadurch dann insgesamt negativ geladen durch den Überschuss an Elektronen in der Hülle und das Natrium ist positiv geladen durch den Mangel an einem Elektron. Die atomare Bildung ist dann die offene Beziehung (Im Beispiel sieht man das Wassermolekül, bestehend aus zwei Wasserstoffatomen (H) und einem Sauerstoffatom (O)), man lebt zusammen als Molekül, teilt Freud und Leid und wenn man sich trennt, dann ist jeder so wie vorher, ehe man die Beziehung eingegangen ist. Die dritte Variante, die Kristallbindung, sehe ich ähnlich wie die Fans in einem Fußballstadion. Lauter gleiche Atome, die dicht an dicht gepackt sind und ein gemeinsames Interesse haben, nämlich stark zu sein. Begegnet man so einem Pulk von gleichartigen Fans auf der Straße, dann sind sie als Gruppe schon mal stärker als die Summe der einzelnen Kräfte; das beste Beispiel für diese Form kristalliner Stärke ist immerhin der Diamant, der nichts anderes ist als ein Haufen von Kohlenstoffatome in dichtester Kugelpackung in Diamantstruktur, das härteste bekannte Material

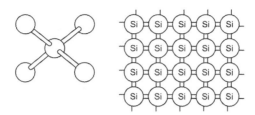

Abb. 6.3b Ähnlich aufgebaut ist der Siliziumkristall, bei dem die einzelnen Atome dicht an dicht liegen. Bedingt durch ihr Bestreben, neben den vier eigenen Elektronen am oberen Rand der Elektronenhülle sich noch vier fremde zu „leihen", ist die Verbindungsstruktur ähnlich wie in der Graphik links; auf der rechten Seite ist die Struktur auf die zweidimensionale Ebene reduziert, aber jedes einzelne Siliziumatom ist umgeben von vier weiteren Siliziumatomen und man leiht sich gegenseitig die Elektronen, symbolisiert durch die Doppelstriche zwischen den kreisförmig angedeuteten Atomen

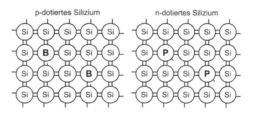

Abb. 6.3c Halbleiter werden so genannt, weil sie keine wirklichen isolatorischen Eigenschaften haben, d. h., dass für einen elektrischen Isolator noch zu viel Strom durch den Halbleiter fließt, wenn man elektrische Spannung anlegt, weil sie auf der anderen Seite in ihrer reinen Form aber auch keine besonders guten Leiter sind und vor allem, weil ihr Leitungsverhalten sehr stark von allen möglichen Faktoren abhängt, z. B. von der Temperatur und der angelegten Spannung. Nun gibt es die Möglichkeit, einen Halbleiterkristall mit Fremdatomen zu verunreinigen. Zu den wichtigsten Fremdatomen gehören Bor (B) mit drei Elektronen im Außenbereich der Hülle und Phosphor (P) mit fünf Elektronen im Außenbereich der Hülle. Im Bild ist jeweils angedeutet, dass das p-dotierte Silizium mit zwei Boratomen verunreinigt ist und das n-dotierte Silizium mit zwei Phosphoratomen. P-dotiert daher, weil durch das Fehlen eines Elektrons in der Kristallstruktur trotz der innerhalb der Atome ausgeglichenen Ladungssituation aus der Sicht des Kristalls ein Elektron zu wenig vorhanden ist. Man nennt diese Stelle ein „Loch". Löcher haben die Tendenz, dass etwas in sie reinfällt, in diesem Fall ein Elektron von einem der benachbarten Atome. Legt man elektrische Spannung an diesen Kristall an, dann gibt es eine Elektronenwanderung, die initiiert wird durch diese Löcher, die dann scheinbar in die entgegengesetzte Richtung wandern. Entsprechendes gilt für das n-dotierte Silizium auf der rechten Seite, nur dass hier aus dem Blickwinkel des Kristalls ein überzähliges (negativ geladenes) Elektron pro Phosphoratom vorhanden ist, das unter dem Einfluss von elektrischer Spannung am Kristall anfängt zu wandern und auf diese Weise Stromfluss darstellt

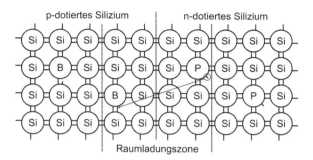

Abb. 6.3d Bringt man die beiden Kristalle, den p-dotierten und den n-dotierten, aneinander, dann wandern nahe der Kontaktstelle gelegene überzählige Elektronen aus dem n-dotierten Teil zu den Löchern im p-dotierten Teil und erzeugen auf diese Weise einen Kristall, der sich verhält wie ein reiner Siliziumkristall. Der Bereich, innerhalb dessen dieser Ausgleich stattfindet, wird Raumladungszone genannt. Innerhalb und an den Grenzen dieser Raumladungszone lässt sich eine elektrische Spannung feststellen. Die Größe der Raumladungszone und die entstehende Spannung hängen von den Materialien ab, aus denen die Kristalle bestehen. Diese können wie im Beispiel auf der Basis von Silizium erzeugt werden, aber auch Germanium (Ge), Selen (Se), Gallium-Arsenid (Ga As) oder Siliziumcarbid (Si C) sind beispielsweise gängige Kristallvarianten. Diese Ausgleichsvorgänge in der Raumladungszone entsprechen den in Kap. 2.2 Gesetz des Energieausgleichs erwähnten Effekten, bei dem zwei der stinkenden Personen, die eigentlich Abstand zueinander halten sollen, eine besondere Leidenschaft füreinander entwickeln und sich zusammenkuscheln

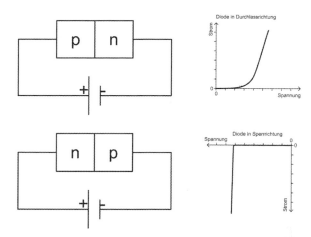

Abb. 6.3e Wenn man zwei unterschiedlich dotierte Halbleiter zusammenbringt, dann entsteht ein sogenannter pn-Übergang. Diesen pn-Übergang legen wir nun an Spannung. Im oberen Bild ist die Spannung so gepolt, dass Plus der Spannungsquelle an der p-Seite des pn-Übergangs liegt und Minus an der n-Seite. Wir erinnern uns aus Abschn. 2.4 Ohmsches Gesetz, dass die Diode ein dergestaltes Verhalten hat, dass bis zu einer gewissen Spannung kein nennenswerter Strom fließt und dann der Stromfluss stark ansteigt (siehe Graph neben dem pn-Übergang). Diese Spannung, die notwendig ist, den Strom fließen zu lassen, ist exakt die Spannung, die an dem pn-Übergang in der Raumladungszone entsteht. Das bedeutet, dass diese Spannung erst überwunden werden muss. Wenn man also eine Spannungsquelle so anschließt, dass Plus an der p-Seite liegt und die Spannung langsam erhöht, werden die Elektronen, die vorher aus der n-Seite auf die p-Seite gewechselt waren und dort die Löcher auffüllten, abgesogen. Je höher die Spannung, desto mehr Elektronen werden abgesogen und desto kleiner wird die Raumladungszone (der Minuspol der Spannungsquelle füllt derweil auf der n-Seite die fehlenden Elektronen auf). Bei der Grenzspannung, bei der Strom anfängt zu fließen, ist die Raumladungszone dann gerade überwunden. Im unteren Teilbild ist der pn-Übergang dergestalt an Spannung angeschlossen, dass der Pluspol der Spannungsquelle an die n-Seite des Kristalls und der Minuspol an die p-Seite geführt ist. Wenn sich in diesem Fall die Spannung immer weiter erhöht, dann fließt lange Zeit kein nennenswerter Strom. Im Kristall wird die Raumladungszone immer mehr ausgeweitet, bis sie schließlich den gesamten Kristall ausfüllt. Irgendwann wird dann die mit der elektrischen Spannung verknüpften elektrische Feldstärke über den Kristall so groß, dass ein lawinenartiger Durchbruch erfolgt und ein sehr hoher Strom fließt, der den Kristall zerstören kann, wenn er nicht begrenzt wird. Diese Funktion macht man sich zum Beispiel bei sogenannten Zenerdioden zunutze. Ansonsten ist in diesem Verhalten eine gleichrichtende Funktion erkennbar: Wenn die Wechselspannung eine gegenüber dem pn-Übergang positive Polarität hat, dann fließt Strom, wenn die Polarität negativ ist, dann fließt kein Strom. Man sei sich darüber im Klaren, dass im Zusammenhang mit Halbleitern der Begriff „kein Strom" bedeutet, dass ein sehr kleiner Strom fließt, der sogenannte Leckstrom. Wenn man den Stromfluss wirklich unterbrechen möchte, dann muss man einen Schalter wie in 6.1 Elektrischer Schalter beschrieben verwenden.

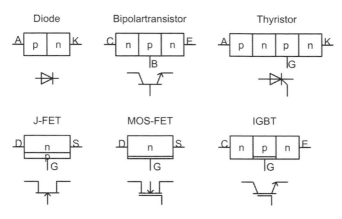

Abb. 6.3f Aus den vorbeschriebenen pn-Übergängen lässt sich eine ganze Reihe verschiedener Halbleiterbauelemente herstellen. Ein Auszug aus der Vielfalt ist mit ihren symbolischen pn-Übergängen und den dazu gehörigen Schaltzeichen dargestellt. Links oben die Diode mitsamt ihrem Verhalten wurde bereits in Abb. 6.3e beschrieben. Der Bipolartransistor besteht aus drei Zonen, im vorgestellten Fall aus n-, p- und wieder n-Zone. Der Laststrom fließt zwischen Kollektor (C) und Emitter (E), die Höhe des Laststroms kann durch einen kleinen Steuerstrom durch die Basis (B) eingestellt werden. Bipolartransistoren gibt es in allen möglichen Größen und Bauformen und sie werden demgemäß als Verstärker oder als Schalter eingesetzt. Gegenüber dem nachfolgend beschriebenen FET und MOS-FET hat der Bipolartransistor die beiden Vorteile, dass sie im leitenden Zustand eine geringere Verlustleistung haben als die FET und dass sie ohne aktiv gesteuerte Basis in den Sperrzustand zurückkehren, während das Gate beim FET und insbesondere beim MOS-FET aktiv umgesteuert werden muss. Der Thyristor als nächstes Bauteil besteht aus vier Zonen; er hat drei Anschlüsse; der Laststrom fließt von der Anode (A) zur Kathode (K), den leitenden Zustand kann man über eine kleine Signalspannung am Gate (G) einstellen. Wenn der Thyristor erst einmal leitend geschaltet wurde, dann leitet er so lange, bis der Stromfluss zwischen Anode und Kathode für einen bestimmten Zeitraum zu Null wurde. Daher werden Thyristoren fast ausschließlich in Wechselspannungsanwendungen eingesetzt, weil dort regelmäßig Stromnulldurchgänge entstehen. Die klassische Anwendung ist der Dimmer in der Hausinstallation, um das Licht in einem Raum stufenlos heller und dunkler stellen zu können. Der Feldeffekttransistor (J-FET) ist ein Bauteil, bei dem mithilfe der Sperrspannung an dem pn-Übergang zwischen Source (S) und Gate (G) die Raumladungszone im Kanal zwischen Drain (D) und Source größer oder kleiner gestellt werden kann und dadurch der Stromfluss zwischen Drain und Source gesteuert wird. Feldeffekttransistoren lassen sich im Gegensatz zu Bipolartransistoren, bei denen durch die Basis immer ein kleiner Strom fließt, nahezu leistungslos schalten bzw. steuern. J-FETs sind bei entsprechender Bauform fähig, in extrem hohen Frequenzen als Verstärker eingesetzt zu werden. Eine Weiterentwicklung des J-FET ist der MOS-FET (Metall-Oxid-Schicht-Feldeffekttransistor), der so heißt, weil zwischen dem Gate (G) und dem leitenden Kanal zwischen Drain (D) und Source (S) eine Isolierschicht aus Metalloxid liegt. Während beim J-FET immer noch der

◄**Abb. 6.3f** sehr kleine Sperrstrom fließt, fließt beim MOS-FET praktisch gar kein Strom durch das Gate. Die grundsätzliche Funktion des MOS-FET besteht darin, dass durch das elektrische Feld zwischen dem Gate und der Source mehr oder weniger Ladungsträger in den Kanal gezogen (selbstsperrend) bzw. aus ihm gedrängt (selbstleitend) werden und sich dadurch die Leitfähigkeit des Kanals in sehr weiten Bereichen steuern lässt, vom Stromfluss nahezu bei Null bis zum Widerstand nahezu bei Null. MOS-FET gibt es in verschiedenen Konfigurationen (als n-Kanal, als p-Kanal, als selbstsperrend oder selbstleitend) und in diesen Konfigurationen in verschiedensten Ausprägungen und Größen bis hin zu ihrem Siegeszug in der gesamten Rechnertechnik, wo in einem Mikroprozessor Abermillionen kleiner MOS-FET als Schalter arbeiten und auf diese Weise die in einem RAM (Schreib-Lese-Speicher) oder anderen Speichern abgelegten Programme bearbeiten können. MOS-FET können auch als Verstärker arbeiten, wenn eine bestimmte Signalspannung am Gate mehr oder weniger linear in einen Stromfluss durch den Drain-Source-Kanal umgewandelt wird. MOS-FET haben nur eine Schwäche, und das ist ihre Isolierschicht zwischen Gate und Kanal bzw. deren Empfindlichkeit auf hohe elektrostatische Spannungen, wie sie zum Beispiel entstehen können, wenn jemand über einen trockenen Teppichboden geht und sich dabei auflädt. Man spürt diese Ladung in Form eines elektrischen Schlags, wenn man anschließend eine (geerdete) Türklinke anfasst. Und wenn man solcherart aufgeladen eine elektrische Schaltung anfasst, in der MOS-FET verbaut sind, dann ist diese Schaltung meistens anschließend defekt. Mit dem Einzug der MOS-FET in die Elektrotechnik wurde das Phänomen der elektrostatischen Entladung (ESD = Electrostatic Discharge) erst zu einem Riesenproblem, das dann in einen immensen Aufwand in den Labors und Fertigungen bis hin zu den verkauften Systemen mündete, um die MOS-FET vor eben diesen Entladungen zu schützen. ESD-Maßnahmen sind die einzigen Sicherheitsmaßnahmen in einem Unternehmen, an die sich sogar alle Top-Manager halten, weil ESD völlig unhierarchisch zerstörerisch wirkt und sich von wohl klingenden Titeln und Anweisungen nicht beeindrucken lässt. Das letzte Bauteil auf der Liste ist der Bipolartransistor mit isoliertem Gate (IGBT = Insulated Gate Bipolar Transistor), der ein Zwitter aus dem Bipolartransistor und dem MOS-FET ist und die beiden Vorzüge der beiden Bauteile vereint: Mit ihm lassen sich sehr große Ströme verlustleistungsarm nahezu leistungslos steuern; demgemäß ist der IGBT meistens in Leistungsschalteranwendungen, z. B. in Motorreglern, zu finden

Zusammenfassung 7

Elektrotechnik ist eigentlich gar nicht schwierig, wenn man sich auf die wesentlichen Fragen konzentriert. Steht man vor einem Wald, sieht man die Bäume nicht, sondern nur das Dickicht und die Düsternis. Greift man sich einen Baum heraus und konzentriert man sich auf diesen, stellt man fest, dass er um sich viel Platz hat und eigentlich ganz einfach aufgebaut ist, bestehend aus Wurzeln, Stamm, Ästen und Zweigen und den Blättern oder Nadeln an den Enden. Daneben gibt es einen weiteren Baum usw. Hier wäre das Sprichwort, jemand „sieht den Wald vor lauter Bäumen nicht" umzukehren in „Die Elektrotechnik besteht aus Einzelthemen, die das Dickicht bilden."

© Der/die Autor(en), exklusiv lizenziert durch Springer Fachmedien Wiesbaden GmbH, ein Teil von Springer Nature 2021
J. von Stackelberg, *Elektrotechnik in einer halben Stunde,* essentials,
https://doi.org/10.1007/978-3-658-36409-0_7

Anhang 8

8.1 Mathematische Integration

Die mathematische Integration ist ein Weg, um bei dem Graphen einer bekannten Funktion die Fläche zwischen dem Graphen und der waagrechten Koordinatenachse zu berechnen, indem man den Integralwert am Anfang des betrachteten Bereichs vom Integralwert am Ende des betrachteten Bereichs subtrahiert (abzieht). Der Aufwand der Integration besteht darin, den Integralwert von der bekannten Funktion zu finden. Es gibt hierzu ein umfassendes Regelwerk und viele Integrationstabellen und es gibt eine ganze Menge Funktionen, die als nicht integrierbar eingestuft sind, weil noch kein Mathematiker eine Lösung für den Integralwert jener Funktionen gefunden hat. Man kann die Integration näherungsweise auch graphisch durchführen, und für das Beispiel in Kap. 4 Leistung, Energie und Wirkungsgrad sind die Funktionen für die Leistung bzw. Energie relativ einfach.

Grundsätzlich ist die elektrische Energie (E) das Produkt aus der elektrischen Leistung (P) und der Zeit (t), über die diese Leistung abgegriffen wird:

$$E = P \cdot t$$

Allerdings kann man diese Formel nur anwenden für Zeiträume, in denen die Leistung konstant ist (Abb. 8.1a und b).

J. von Stackelberg, *Elektrotechnik in einer halben Stunde,* essentials, https://doi.org/10.1007/978-3-658-36409-0_8

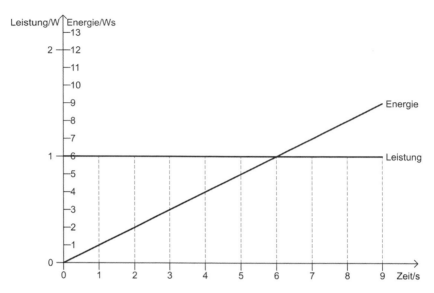

Abb. 8.1a Dargestellt ist ein Graph mit der konstanten Leistung von 1 W über den Zeitraum von 9 s. Jede Teilfläche unter dem Graphen der Leistung im Einsekundenraster ergibt eine Energie von $1W \cdot 1s = 1Ws$. Addiert man nun diese Energieteile von jeweils 1 Ws, so hat man nach einer Sekunde 1 Ws, nach zwei Sekunden 2 Ws usw. Diese Menge an Energie kann man am Graphen der Energie ablesen: Nach einer Sekunde ist er bei 1 Ws, nach zwei Sekunden bei 2 Ws usw

8.2   Messtechnik

Messtechnik wird dazu verwendet, Informationen über die Zustände in elektrischen und elektronischen Schaltungen zu vermitteln. Wie in Abschn. 6.1 Schalter erwähnt, ist es in den meisten Fällen nicht möglich, aus einem elektrischen oder elektronischen Schaltkreis mit Hilfe der menschlichen Sinne (Sehen, Hören, Schmecken, Riechen und Tasten) etwas über den aktuellen Zustand des Schaltkreises zu bestimmen. Die vorgestellten Prinzipien für die Messtechnik sind wieder „nur" Prinzipien. Moderne Messgeräte beinhalten oft auch bei scheinbar simpler Messtechnik einen Mikrokontroller, der Fehlerausgleichsberechnungen durchführt oder auch nur die Anzeige des Messergebnisses organisiert. Um einem weit verbreiteten Irrtum vorzubeugen: Digitale Messtechnik, bei der auf einer

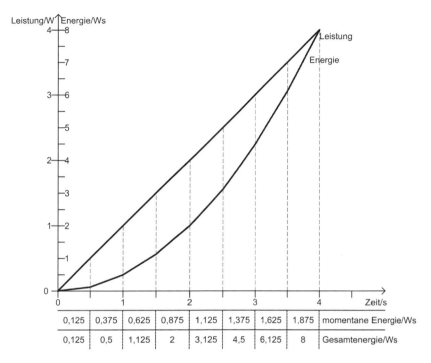

| 0,125 | 0,375 | 0,625 | 0,875 | 1,125 | 1,375 | 1,625 | 1,875 | momentane Energie/Ws |
| 0,125 | 0,5 | 1,125 | 2 | 3,125 | 4,5 | 6,125 | 8 | Gesamtenergie/Ws |

Abb. 8.1b Der Leistungsgraph in diesem Bild zeigt eine Leistung, die von der Zeit abhängig ist, d. h., nach einer Sekunde wird eine Leistung von 1 W abgegriffen, nach zwei Sekunden 2 W usw. Der Graph ist linear, d. h., er steigt geradlinig an; derartige Leistungsentwicklungen gibt es zum Beispiel, wenn ein Motor gleichmäßig seine Drehzahl erhöht, wenn dabei ein konstanter Strom zugeführt wird und sich die Spannung gleichmäßig über die Zeit erhöht. Wieder ist die Energie die Fläche zwischen dem Graphen und der waagrechten Achse, über der die Zeit aufgetragen wird. Nach einer halben Sekunde hat die Leistung einen Wert von 0,5 W, nach einer Sekunde 1 W usw. Die Energie steigt nun nicht linear an, sondern je mehr Zeit fortgeschritten ist, desto steiler wird die Energiekurve. Unter der Zeitachse sind die momentane Energie, d. h., die Energie, die innerhalb eines Zeitfensters von 0,5 s umgesetzt wurde, und die Gesamtenergie, d. h., die Energie, die vom Startmoment zum Zeitpunkt 0 s an umgesetzt wurde. Die Gesamtenergie ist immer die Summe aller Teilenergien bis zum jeweiligen Zeitpunkt, d. h. man integriert die Teilenergien bis zu dem jeweiligen Endzeitpunkt, wobei bei der Integration die Zeitabschnitte immer kürzer werden und dafür die Anzahl der Summanden entsprechend immer mehr

Anzeige Zahlen das Messergebnis darstellen, sind mitnichten präziser als Zeigerinstrumente, bei denen ein Zeiger über eine Skala huscht. Digitale Messgeräte zeigen lediglich einen eindeutigen Messwert an, während bei einem Zeigerinstrument der Blickwinkel immer noch eine Rolle spielt bei der Auswertung des Messergebnisses (Abb. 8.2a, b, c, d und e).

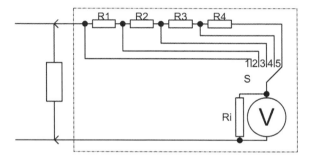

Abb. 8.2a Prinzip eines Spannungsmessgerätes: Elektrische Spannung wird immer zwischen zwei Punkten gemessen, d. h., das Spannungsmessgerät liegt PARALLEL zu dem Bauteil bzw. der Baugruppe, über dem/der die elektrische Spannung gemessen werden soll. Innerhalb der Strichpunktlinie sind die wesentlichen Komponenten des Spannungsmessgerätes dargestellt. Kreisförmig mit innen liegendem „V" das Spannungsmessinstrument, der Innenwiderstand „Ri" ist explizit parallel zum Messinstrument gezeichnet. Innenwiderstände von Spannungsmessgeräten müssen möglichst hochohmig sein, weil das Gerät sonst beim Messen der Spannung die Schaltung unzulässig belasten würde. Wobei „möglichst hochohmig" ein relativer Begriff ist. Ich kenne aus der Praxis Präzisionsvoltmeter mit einem Innenwiderstand von 20 kOhm, die allerdings sinnvoll nur in sehr niederohmigen Leistungsschaltungen eingesetzt werden. Andererseits gibt es Anwendungen, bei denen sich die Schaltung schon im Bereich von GOhm (Eine Milliarde Ohm) bewegt, z. B. bei der Messung von Aschestaubwiderständen. In diesem Fall muss der Spannungsmesser mindestens den drei- bis vierfachen Widerstandswert des Probanden haben, andernfalls würde das Messergebnis kaum noch auswertbar sein; ansonsten rechnet man mit einem Verhältnis des Innenwiderstandes des Messgerätes zur Schaltung von mindestens 10 … 100. Ein Verhältnis von 100 verfälscht das Messergebnis bereits systematisch um 1 %. Das Messinstrument mit dem internen Innenwiderstand hat einen maximalen Messbereich, oft von 200 mV oder ähnlich. Um höhere Spannungen messen zu können, werden mit Hilfe von Wahlschaltern „S" Vorwiderstände „R1", „R2", „R3", „R4" usw. hinzugeschaltet, die normalerweise mit dem Faktor 10 kaskadiert werden, d. h., bei Schalterstellung „2" ist der Messbereich bis 2 V, bei „3" bis 20 V, bei „4" bis 200 V und bei „5" bis 2000 V. Die Genauigkeit des Messgerätes hängt natürlich neben der Präzision des Messinstruments von der Genauigkeit der Vorwiderstände ab

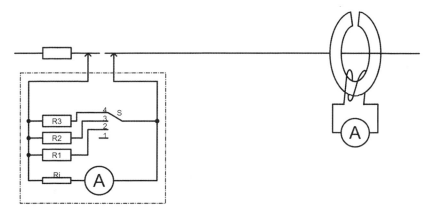

Abb. 8.2b Prinzip eines Strommessgerätes: Elektrischer Strom wird immer in einer Leitung gemessen, d. h., der Stromkreis muss aufgetrennt werden, um das Strommessgerät in den Kreis einschalten zu können. Die wesentlichen Komponenten in dem Strommessgerät sind das Messinstrument (Kreis mit innenliegendem „A") und explizit dargestelltem Innenwiderstand, der im Fall des Strommessgerätes möglichst gering sein muss, um die Schaltung nicht zu verfälschen. Um den sehr begrenzten Strommessbereich des Instrumentes zu erweitern, werden über einen Schalter „S" Widerstände parallel geschaltet, die dann einen mehr oder weniger großen Teil des Stromes am Instrument vorbeiführen. In dem gezeichneten Fall könnte das Messinstrument einen Bereich bis 20 mA haben (Schalterstellung „1") und durch die Parallelwiderstände, die mit dem Faktor von jeweils 0,1 kaskadiert werden, würden Messbereiche von 200 mA („2"), 2 A („3") und 20 A („4") hinzukommen. Da das Öffnen eines Stromkreises nicht immer möglich ist, insbesondere wenn man während des Betriebes einer Anlage eine Messung vornehmen will, gibt es alternativ zu dem links gezeichneten Strommessgerät sogenannte Zangenamperemeter, wie es rechts dargestellt ist. Zangenamperemeter bestehen im Prinzip aus einem ringförmigen Eisen- bzw. Ferritkern (Ferrite sind gesinterte Magnetwerkstoffe, die durch ihre stoffliche Zusammensetzung und den Sinterprozess spezielle Eigenschaften erhalten), die zangenförmig um den stromführenden Leiter gelegt werden. Um die Messzange wird eine Spule gewickelt, die das Magnetfeld, das der durch den Leiter fließende Strom in der Messzange hervorruft, auswertet und als elektrisches Signal in Form einer Spannung oder eines Stromes einer Anzeigeeinheit zuführt. Zangenamperemeter gibt es als reine Wechselspannungsamperemeter oder als Gleich- und Wechselspannungsamperemeter. Letztere funktionieren nicht ganz so simpel wie vorhin beschrieben, weil Gleichströme nur magnetische Gleichfelder hervorrufen, die nicht durch eine passive Spule ausgewertet werden können. Bei korrekter Handhabung steht die Genauigkeit eines Zangenamperemeters in nichts einem konventionellen Strommessgerät nach. U.a. muss man nur darauf achten, dass die Messzange möglichst koaxial um den Leiter liegt und VOR ALLEM, dass sie komplett geschlossen ist. Es gibt die Zange sogar als flexible magnetische Leiterspule; diese heißt dann „Rogowski-Spule" und eignet sich besonders in Anwendungen, wo große starre Zangen keinen Platz finden

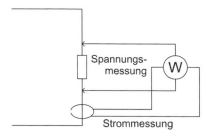

Abb. 8.2c Prinzip eines Leistungsmessers: Ein Leistungsmesser erfasst gleichzeitig die Spannung über eine Last und den Strom durch die Last und wertet beides aus, z. B. durch zwei magnetisch gekoppelte Messwerke oder mit Hilfe von Prozessortechnik. Ein Energiezähler ist ein Leistungsmesser, der die Einzelleistungen aufaddiert (siehe auch Anhang 8.1)

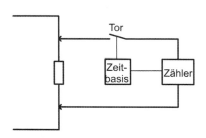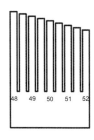

Abb. 8.2d Prinzip eines Frequenzmessgerätes: Ein Frequenzmessgerät, oder korrekt ein Impulszähler, besteht aus einer Zeitbasis (Uhr) mit Toröffner und einer Zähleinheit. Die Zeitbasis schließt den Messkreis zum Zähler und gibt dem Zähler zeitgleich die Information, dass dieser anfangen soll, die Ereignisse in Form von Spannungspulsen zu zählen. Wenn die vorgesehene Zeit abgelaufen ist, öffnet die Zeitbasis das Tor wieder und stoppt den Zähler, der dann sein Zählergebnis anzeigt. Je höher die Frequenz ist, desto kürzer kann die Messzeit sein, um ein vernünftiges Messergebnis zu erhalten, bzw. je kürzer die Messzeit ist, desto weniger Stellen zeigt der Zähler an. Im Bereich der Netzfrequenztechnik gibt es auch Frequenzanzeigegeräte, die ähnlich funktionieren wie eine Stimmgabel. Sie werden magnetisch beaufschlagt und die Zunge, die der aktuellen Frequenz am nächsten liegt, fängt an zu schwingen. Es gibt noch eine andere Methode der Frequenzmessung: Man misst die Periodendauer zwischen zwei Impulsen und rechnet daraus durch Kehrwertbildung die Frequenz aus

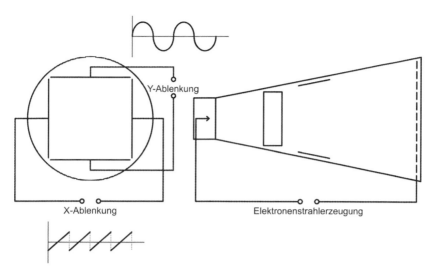

Abb. 8.2e Prinzip eines Oszilloskops: Mit einem Oszilloskop oder auch Oszillograph kann man Signalformen anzeigen, meistens bezogen auf die Zeit, selten bezogen auf Referenzsignale. Um dies bewerkstelligen zu können, verwendet man eine Elektronenstrahlröhre, bei der aus einer Glühkathode ein Elektronenstrahl emittiert (siehe auch Abschn. 6.2 Vakuumröhren). Dieser wird durch Feldmaßnahmen möglichst punktförmig ausgerichtet (im Schema nicht eingezeichnet) und durchläuft dann zwei Plattenpaare, erst für die X-Ablenkung und dann für die Y-Ablenkung. Nach Passieren des Anodengitters trifft der Elektronenstrahl auf eine Leuchtschicht am vorderen Ende der Röhre auf und erzeugt einen Leuchtpunkt. Wenn man auf die X-Ablenkplatten nun eine Spannung gibt und dort zwischen den Platten ein elektrisches Feld entsteht, dann wird der Elektronenstrahl abgelenkt, je stärker das Feld, desto weiter die Ablenkung, und je höher die Frequenz der Ablenkspannung, desto schneller bewegt sich der Strahl in horizontaler Richtung. Wenn man weiterhin auf die Y-Ablenkplatten eine Spannung gibt, dann wird der Elektronenstrahl in Y-Richtung abgelenkt. Gibt man nun auf die X-Ablenkplatten eine sägezahnförmige Spannung und auf die Y-Ablenkplatten die zu betrachtende Signalspannung, dann bildet das Oszilloskop den Anteil der Signalspannung, der zeitgleich mit der Sägezahnspannung an den Y-Ablenkplatten anliegt, auf dem Bildschirm ab. In dem Beispiel müsste die Frequenz der Sägezahnspannung um den Faktor 2 verringert werden, weil sonst nur ein Teil der Sinuswelle angezeigt werden kann. Moderne Oszilloskope verwenden keine Elektronenstrahlröhren mehr. Die Signale werden elektronisch abgetastet, mit Rechnertechnik ausgewertet und als Pixelfolge auf einem Monitor abgebildet. Die Signale sind auf diese Weise auch leicht speicherbar und weiter verarbeitbar. Aber das Abtastprinzip der Signalspannung über die Zeit bleibt bestehen

Was Sie aus diesem *essential* mitnehmen können

- Einen Überblick über die Grundlagen der Elektrotechnik
- Ein weitgehendes Verständnis für die Zusammenhänge durch untechnische Bebilderung.
- Hoffentlich Lust auf mehr von dem Thema.

© Der/die Herausgeber bzw. der/die Autor(en), exklusiv lizenziert durch Springer Fachmedien Wiesbaden GmbH, ein Teil von Springer Nature 2021
J. von Stackelberg, *Elektrotechnik in einer halben Stunde,* essentials,
https://doi.org/10.1007/978-3-658-36409-0

Printed in the United States
by Baker & Taylor Publisher Services